百科大探索

CHILDREN'S ENCYCLOPEDIA

史前生命

PREHISTORIC LIFE

青岛出版社
QINGDAO PUBLISHING HOUSE

目录
CONTENTS

PREHISTORIC LIFE

仔细阅读本章，你就能回答以下问题：

- 冰期和间冰期，哪个更适合动物生存？
- 原始人擅长做哪些手艺活儿？
- 最古老的脊椎动物是什么？
- 动画电影《冰河世纪》中，猛犸象灭绝是不是真的？

生命漫长之旅

地球早在46亿年前就形成了，可生命直到二十多亿年前才开始出现。哪怕是一只小小的蟑螂，或者跳蚤，它们在地球上的历史也已经有上亿年了。经历了几次漫长的大冰期后，地球上生命的数量越来越多，种类越来越丰富。在这上亿年的生命史中，有的早已灭绝，有的仍在变化，还有的即将消失在我们的眼前。

揭开生命起源的

一、太古代：24亿年以前

1. 地球上火山活动频繁，从火山喷出的许多气体，如水蒸气，构成原始大气。

2. 这种原始大气在闪电、紫外线、射线等能源的“刺激”下，形成一系列有机小分子化合物。

3. 后来地球温度下降，原始大气中的水蒸气聚集形成降雨，降落到地面形成原始海洋。

4. 有机小分子化合物随雨进入原始海洋，在海洋中长期积累、相互作用，在适当条件下，进一步组合成蛋白质——地球上一切生命所需的重要物质。

二、元古代：24亿—5.7亿年前

蓝藻出现在海中，它是由一种单细胞有机体演变而来的。它能利用阳光产生自身需要的物质，并吸收二氧化碳，放出氧气。

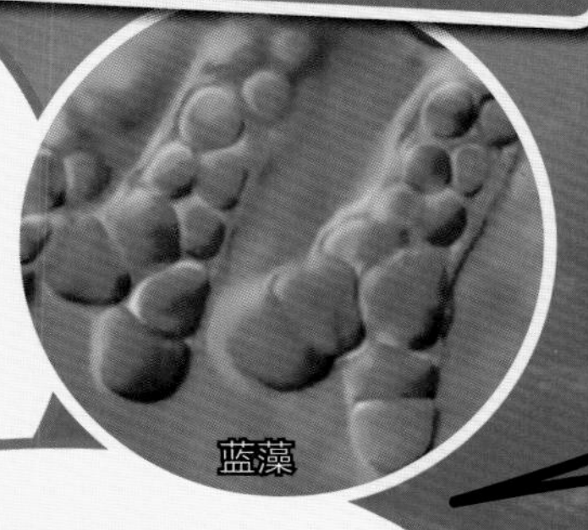
蓝藻

5.7亿年前：

这个时期的地球，只有海洋中才有生命体，包括蓝藻、细菌等。这些柔软低等的动物在海洋里栖息，生长。

三、古生代：5.7亿—2.3亿年前

寒武纪：5.42亿—4.9亿年前

1. 短短数百万年时间里，地球上的生物种类突然丰富起来，呈爆炸式增长，被称为“寒武纪生命大爆炸”。

2. 海洋中的一些蠕虫身体发生了变化——有了最初的外骨骼，但没有脊柱，它们进化成了节肢动物，像今天的昆虫等动物都是它们的后代。其中最繁盛的当属节肢动物三叶虫，它们是当时海洋的霸主。海洋中还生活着海绵及各种各样的贝类。

三叶虫化石

甲胄鱼

奥陶纪：5亿—4.3亿年前

1. 一种外形似鱼，无颌，身上有骨质甲片的“甲胄鱼”出现在海洋中。它是最古老的脊椎动物，靠吮吸方式在海底觅食。

24亿年前

6亿年前

神秘面纱

你或许了解现在这个年代的鸟兽虫鱼，甚至熟悉它们的长相和习性，可是你知道几亿年前它们的模样吗？地球上的所有生物都是慢慢演化而来的，可不是“一口吃个胖子”。怎么样？我们一起沿着时间轨道去探索生命的奥秘吧！

第一次生物大灭绝
4.43亿年前

当时地球气候变冷、海平面下降，导致海里的各种无脊椎动物消失，地球上85%的物种灭绝。

2. 当时海洋中凶猛的肉食性动物鹦鹉螺进入繁盛时期。它们身体巨大，身长可达1米以上。珊瑚也大量出现，但只是小礁体。

志留纪：4.38亿—4.08亿年前

板足鲎

1. 一些幸存下来的生物开始向巨大体形进化，板足鲎（hòu）中的一些种类身长能达到2.5米。

2. 无脊椎动物笔石成为这个时期海上的一道“景色”。它们群体生活，漂流在海面上，吃浮游生物。

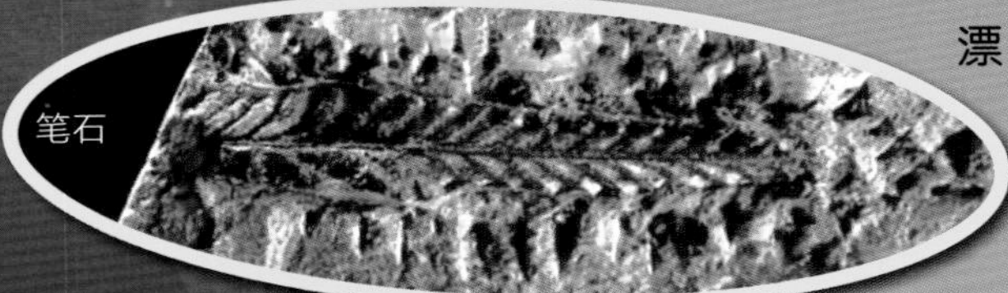

笔石

3. 大量的珊瑚礁形成，成为鱼儿的家园。海生藻类仍然繁盛。末期，裸蕨植物（无叶子）首次出现，植物开始从水中向陆地发展。

珊瑚

4. 有颌的棘鱼和盾皮鱼是脊椎动物的又一次重大演化，标志着鱼类开始征服水域。

盾皮鱼

寒武纪（5.42亿—4.9亿年前）　奥陶纪（5亿—4.3亿年前）　志留纪（4.38亿—4.08亿年前）

5亿年前　4亿年前

泥盆纪：4亿—3.6亿年前

1. 各种鱼类空前繁盛，硬骨鱼开始发展，代表为肺鱼（在水中用腮呼吸，水域干涸时可直接通过鳔呼吸空气）。它的产生为某些鱼类向两栖类转化做了纽带。与此同时，盾皮鱼开始统治海洋。

肺鱼

2. 鲨鱼和鳐鱼出现了，它们的后代一直延续到今天。海中的无脊椎动物种类发生变化，菊石开始大量增多，取代三叶虫和鹦鹉螺，淡水蛤类和蜗牛也出现了。

鲨鱼

2

第二次生物大灭绝

3.68亿年前

这一次超过20%的海洋生物消失了，其中包括海绵、贝类、鱼类等。但正是如此，两栖类生物才得以发展。

石炭纪：3.55亿—2.95亿年前

浅海底栖动物中仍以珊瑚等为主，出现了蜓类（又叫纺锤虫），菊石类仍然繁盛。

蜓类化石

3

第三次生物大灭绝

2.5亿年前

有史以来最严重的大灭绝事件，约90%的海洋生物灭绝了。三叶虫以及重要珊瑚类群全部消失，海生无脊椎动物只有腕足动物、菊石等几种存活了下来。这次大灭绝使得占领海洋近3亿年的主要生物从此衰败并消失。

二叠纪：2.95亿—2.5亿年前

海生无脊椎动物中主要仍是蜓类、珊瑚和菊石等，但组成成分发生了重要变化。软骨硬鳞鱼类（包括鳕类、鲟类等）迅速发展。

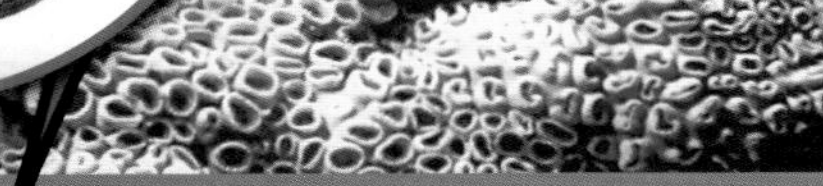

泥盆纪（4亿—3.6亿年前）

石炭纪（3.55亿—2.95亿年前）

二叠纪（2.95亿—2.5亿年前）

三叠纪（2.45亿—2亿年前）

侏罗纪（1.9亿—1.45亿年前

4亿年前

2亿年前

四、中生代：2.45亿—0.65亿年前

三叠纪：2.45亿—1.9亿年前

1. 加斯马吐龙，一种庞大的食肉类水陆两栖动物，是现在鳄鱼的最早祖先。

鱼龙

2. 甲壳动物在海洋里占据优势，现在的螃蟹、龙虾等动物就是它们的后代。长得像海豚的鱼龙首次登场。

侏罗纪：1.9亿—1.45亿年前

浅海中存在一群四肢已演化成鳍形肢的海鳄类。全骨鱼代替软骨硬鳞鱼。此时恐龙正在陆地上称王称霸。

白垩纪：1.45亿—0.65亿年前

海王龙统治着浅海。鳐鱼和鲨鱼已经非常常见。最早的海龟出现了。

4

第四次生物大灭绝

约2亿年前

除鱼龙以外的所有海生爬行动物全部消失，贝壳、海螺等无脊椎动物受到巨大冲击，只有比较发达的恐龙幸免于难。植物也只有针叶类和苏铁存活下来。

五、新生代：6500万年前—现在

古近纪：6500万—2350万年前

大型海生爬行动物大规模灭绝后，有一些陆上哺乳动物重新回到海洋生活，如鲸类。最早的企鹅也在这个时期出现。

新近纪：2300万—2140万年前

珊瑚礁大量形成。

第四纪：258万年前—现在

海生无脊椎动物仍以贝壳、珊瑚等为主，真骨鱼类（现在的大多数鱼属于真骨鱼类）繁盛。

第五次生物大灭绝

6500万年前

地球史上第二大生物大灭绝事件，约75%~80%的物种灭绝，长达1.4亿年之久的恐龙时代在此终结。

是的，我们现在看到的这个多姿多彩的生命世界，就是这样一点一滴从海洋孕育、进化而来的！如此漫长的时间内，地球上生命的种类从屈指可数增加到数不胜数，真让人心生敬佩，也希望你能带着这种心态去对待我们身边的每一个生命。加油吧！

白垩纪（1.45亿—0.65亿年前）

新近纪（2300万—2140万年前）

古近纪（6500万—2350万年前）

第四纪（258万年前—现在）

晚新生代大冰期

距今天最近的一次大冰期发生在 258 万年以前，被称为第四纪大冰期。那时，冰川覆盖了整个北半球。最寒冷时，冰川的面积占陆地面积的 32%，达到 4714 万平方公里，整个加拿大和北欧都在冰盖的覆盖下。到 1 万至 8 千年前，全球又普遍转暖，大量冰川和冰盖消失或收缩，出现了冰期与间冰期的交替，并一直延续至今天。

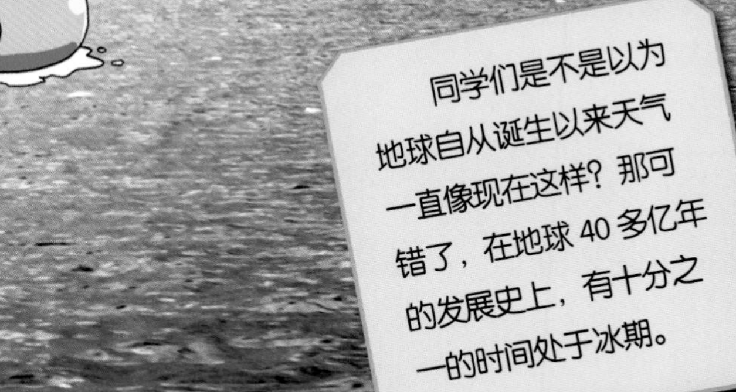

同学们是不是以为地球自从诞生以来天气一直像现在这样？那可错了，在地球 40 多亿年的发展史上，有十分之一的时间处于冰期。

问：同学们知道什么是“冰期”吗？

答：就是地球表面覆盖大规模冰川的地质时期，又称为冰川时期，那时全球会变得像南北极一样冷。只有两次冰期之间相对温暖的时期才会有好天气，叫“间冰期”。

你知道地球有过几次大冰期吗？一起来冒险吧！

这套模拟系统可以把脑电波与电脑模拟场景相连接，只要启动系统，每个生存挑战者便立即进入自己的意识，仿佛置身于大冰期的地球。挑战者看到的、感觉到的都和真实世界中的一模一样，但身体并没有真正进入大冰期。在意识里生活几十年，在现实世界里只需要一个小时，就像做梦一样。

每个参加实验的勇士都提前收到了一本关于地球冰期知识的生存挑战手册，让我们也一起看看吧！

冰期重大事件表

地球冰期时间	名称	重大事件
27—23.5 亿年前	前寒武纪中期大冰期	第一次冰河期
	间冰期	罗迪尼亚古陆形成
9.5—6.15 亿年前	前寒武纪晚期大冰期	多细胞生物出现 预示着生命大爆发
	间冰期	鱼类出现
4.6—4.4 亿年前	早古生代大冰期	海生藻类大繁荣 陆生裸蕨植物出现
	间冰期	两栖动物出现 种子植物出现 石松和木贼出现 昆虫繁荣 爬行动物出现 裸子植物出现
3.6—2.6 亿年前	晚古生代大冰期	95% 的生物灭绝
	间冰期	盘古大陆形成 卵生哺乳动物出现
258 万年前	晚新生代大冰期	有袋类哺乳动物出现 鸟类出现 被子植物出现 恐龙繁荣和灭绝 人猿祖先出现 45% 的生物灭绝 大量大型哺乳动物灭绝
		人类进化到现代状态

美国《发现》杂志报道：有很多迹象表明，新的冰川期即将光临地球。中国科学院汤懋(mào苍等专家认为，下一冰期将在大约 1 亿年后来临。为什么会有冰期光临地球呢？

天文说：有人认为，太阳运行到近银河系中心点时，光度会变小，使周围的行星变冷，地球上的大冰期就是这么形成的；有人认为，银河系中物质分布不均，密度较大的星际物质遮挡住了太阳的能量时，便会使地球出现大冰期。

地质说：地球激烈的构造运动会造成陆地升降、陆块位移，从而改变海陆分布和环流形式，这就会使地球变冷，而蒸发和冰雪反射的作用，会使地球进一步变冷！

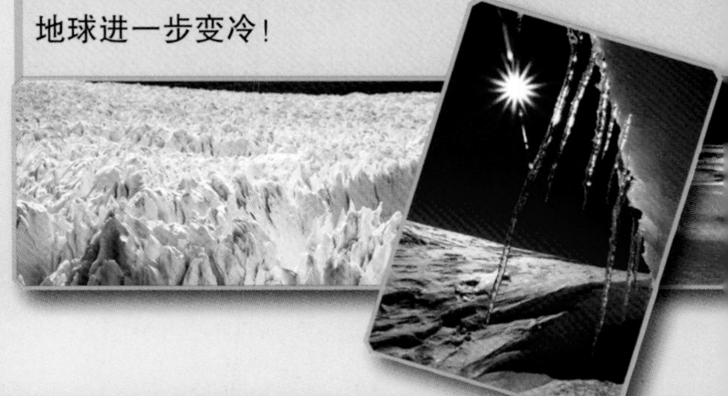

在模拟系统里，四个勇士完全是在原始状态下进行地球大冰期的生存挑战，难度可想而知。人类历史上只经历过一次大冰期，就是第四纪冰期。小编们可借鉴的经验不多。因此，他们既要掌握第四纪冰期人类的生存规律，又要掌握气候、植物、动物的变化情况，否则肯定会被冻死或是饿死。

兰琪和千里现在所处的环境和第四纪冰期末期差不多，可以肯定的是，之前存在一个比较暖和的间冰期，因为很多生物出现生存适应性变差的趋势。兰琪和千里所在的区域正是原始人类的发源地——非洲。之前科学家们通过对人类 DNA 特定序列的追踪，发现地球上的人种都有非洲人类祖先的遗传基因，所以，我们普遍认为原始人类的发源地是非洲稀树草原。由于冰期的影响，这里的热带森林缩小，而北方高纬度酷寒地区的草原正在发展，出现地衣、苔藓以及小型柳树和桦木等适应酷寒的植物群落，被子植物的种类正在迅速增多。

兰琪和千里在埃及生活了没多久，就发现苔原和森林的面积又渐渐扩大了。原来冰盖开始向北退缩，植物也向北迁移了。这个迁移的距离长达 3000 多千米！兰琪她们感觉靠狩猎获取食物变得越来越难了，因为很多大型食草动物无法适应剧变，灭绝了，依靠捕食食草动物生存的食肉动物也随之灭绝，其中就包括剑齿虎和洞穴狮子。剩下的动物开始向北迁徙了。

小知识

植物的迁移需要借助风力、畜力、水力等外力。比如，植物果实被动物吃掉后，它的种子就会被动物装在肚子里带到另一个地方。

无奈，千里和兰琪也只好开始了大迁徙。一路上，不断看到猛犸象的尸骸。看过电影《冰河世纪》的们一定记得这种可爱的动物，它们是第四纪冰期时上最大的象，比今天的大象大两倍左右，重达 8 吨。象头特别大，身上披着黑色的细毛，嘴里长着一对弯曲的大，长 1.5 米左右。让兰琪她过的是，迁徙中的人不断猎杀它们，因类的食物根本不如果不猎杀这些象，人类就不能到最后。兰琪和只能眼睁睁地看犸象走向灭绝。

说起这个时期的人类，还真是让两个女孩子不好意思，因为他们都是原始人类，形象有点不雅，但这就是人类祖先的样子。

看看她俩在路上遇到的第一批原始人——“能人”，也叫“巧手之人”。这些人曾经在200万年—175万年前的东非出现过，具备制造工具的能力。他们只有40公斤重，高1.3米左右，用两足行走，下颌比古猿小很多，属于“直立猿人”。

100万年前，这些“能人”从非洲迁徙到中国和爪哇。

兰琪和千里一路上尽量避开这些“能人”的迁徙路线。因为能人不穿衣服，这一点实在让她们受不了。更要命的是，在能人眼里，她俩根本不是“人”。一旦被他们抓到，她俩就成了“没有毛的美味食物”了。

兰琪她们遇到的第二批原始人是“人属尼安德特种”，简称“尼人”。这些人曾生活在50万年前的非洲，他们与现代人很接近，已经学会了人工取火。他们也正在向欧洲迁移，这些人同样不穿衣服，也吃人。勇士们只好远远地躲开了。

她俩遇到的最后一批原始人是“智人”，即“有智慧的人”。这些人曾生活在5万年前的非洲南部，也是唯一生存至现代的人科动物。他们相对比较文明，至少穿上了衣服，不过他们穿衣服不是为了遮羞，而是为了防蚊虫叮咬。这些人喜欢在岩洞里雕刻、绘画，还喜欢制造小首饰，比如骨头项链、石头手链等。他们比较友善，尤其是对小朋友，兰琪和千里就被当成小朋友加入到了迁徙队伍中。大家在欧洲拐了一个弯向中东地区迁徙，因为欧洲北部遍布冰川，不具备人类生存的条件。这些智人不断分出支队，有的支队到达了欧洲、亚洲各地，还有的通过白令陆桥进入了美洲。

最后，兰琪和千里到达了西亚，这里有一条狭长的平原地带，气候也比较温和。她俩还看到了现代马的祖先——始祖马。始祖马有四条小短腿，起初吃森林中的嫩草，但随着迁徙，它们开始进化成身材高大、具有单趾硬蹄和流线型身体的“真马”，适应了草原生活。千里一直想逮一只真马来骑，但发现自己根本追不上它们。

随着迁徙来的人越来越多，自然界中的食物开始供不应求，于是大家开始生产食物。有的人把采集来的种子进行耕种，有的把狩猎来的动物饲养起来，兰琪和千里也学会了这些生存技能，存活了下来。

别忘了，此时还有两位勇士也在冰雪世界里“求生”呢！影和信号灯一路上没见到一个人影，不过他们知道，在第四纪冰川期时，东亚和美国东部都是动植物的“避难所”。

影和信号灯决定向东南迁徙，一路上他们尾随着一批迁徙的鹿，这让他俩既有了向导，也有了食物。辗转到北京附近时，两个人的衣服破得像乞丐服一样了，只好开始琢磨“缝纫”技术。没有针，就用大鱼刺磨骨针（这是他俩在初中课本里学来的知识），最后，他们终于缝出了两件鹿皮裙。经过长途跋涉，两个人到达秦岭一带的南山坡，这里受冰川的影响，温度比正常时期要低 10 度左右，但阳光还是比较充足的，于是两个人定居下来，成了“穴居人”。白天打猎、捡树枝，晚上“钻木取火”，虽然他俩总是忘了在火堆里添木材，不过，他俩最终还是幸运地存活了下来。

这次“地球冰期模拟系统”实验在很短的时间内让四位勇士实现了冰期生存的挑战，这也令所有参加实验的人对度过下一次大冰期充满了信心。

不过，最近有美国专家称，人类进化正趋于停止。如果人类不能不断提高自身肌体对恶劣环境的抵抗能力，而只满足于享受“舒适”的自然环境和高科技带来的“免疫”能力，那么，在下一次大冰期来临时，人类将面临全面毁灭的严酷命运。

同学们，身体锻炼很重要哟！从实验中回到现实世界的勇士们，都已经开始制订健身计划了。你们呢？

面目狰狞的扁兽龙是食草动物还是食肉动物？

在白垩纪，会飞的翼龙会被海里的沧龙吃掉，是真的吗？

犬牙兽会吃掉自己的孩子，有这种可能吗？

『巨虫时代』指的是石炭纪还是三叠纪？

仔细阅读本章，你就能回答出以下问题：

陆地上的『大块头』

回到上亿年前，你一定认不出地球的样子。在石炭纪，昆虫的个头非常庞大；在三叠纪，天上飞着蓓天翼龙，地上跑着扁兽龙，还出现了恐龙的始祖——虚行龙；在我们熟悉的侏罗纪，各种各样的恐龙称霸了陆地。在科幻故事中，恐龙能够复活，但在现实中，我们很难再看到真实的恐龙。别丧气，其实恐龙的一些“亲人”依然生活在我们身边。

史前巨虫的末日

史前巨型猎手

一只瘦弱的蜥蜴含着刚到嘴的猎物，急匆匆地赶往巢穴。一只篮球大小的巨型蜘蛛忽然从前方的树影中爬了出来，沾满毒液的两颗獠牙闪着可怖的寒光。可怜巴巴的蜥蜴没命地狂奔，后面巨型蜘蛛紧追不舍。眼看便要成为别人口中的猎物，慌乱的蜥蜴一头扎进了面前的一个树洞里。

此时，一只巨脉蜻蜓振动着透明的双翅，穿行在这片湿气氤氲的沼泽上空。正午的闷热让这个翅展将近1米的大家伙感到有些疲惫，它正要降落在前方一根斜伸出的蕨树枝上。喘息间，一只绿色的蜥蜴从一根歪倒的树干中冲了出来，追在它身后的巨型蜘蛛眼看就要得手。悬浮在空中的巨型蜻蜓晃了晃身子，像是打了个激灵。急促的振翅声骤然响起，蜻蜓越过墨绿色的枝叶，降落在那条正逃命的可怜虫头顶。猎手猛然下潜，钢刀般锋利的口器刺穿了蜥蜴那瘦弱的身躯。口中的猎物散发出刺鼻的香味，蜻蜓摇晃着长长的肚腹，心满意足地飞向了高处。蜘蛛眼看着到嘴的猎物被抢走，只能悻悻地爬走了。

在沼泽的另一边，一只浑身是伤的两栖类动物闷闷不乐地钻进了水里。它拥有尖利的牙齿和强壮有力的下颌，但是体长4米的巨型远古蜈蚣那厚厚的甲壳，抵挡住了它所有的进攻。捕食不成，反被咬伤。

饱餐完蜥蜴的巨脉蜻蜓欢快地在树林上空盘旋着。忽然，雷声大作，很快，雨水倾泻而下。为了躲雨，巨脉蜻蜓不得不降低飞行高度，眼下正紧贴着一处水面飞行。那头被巨型蜈蚣整得惨兮兮的两栖动物，两只眼睛正露在水面，呆呆地打量着阴云密布的天空。它没想到这么快就有新猎物到来。没等那只巨脉蜻蜓反应过来，躲在水下的猎手一跃而起，散发着泥腥味的大嘴猛地开合，下一秒便将那只刚吃完大餐的巨脉蜻蜓拖进了水里……

让我们给巨虫们分分类！巨型蜈蚣是多足纲动物，巨型蜘蛛是蛛形纲动物，巨脉蜻蜓是昆虫，而它们都是节肢动物。现在地球上有85%的物种都是节肢动物！

巨虫的末日

上面的一幕发生在3亿多年前的石炭纪，石炭纪有一个特别贴切的别名——“巨虫时代”，因为当时地球上有无数体形巨大的“虫子”。巨脉蜻蜓是当之无愧的空中霸王，而巨型蜈蚣和巨型蜘蛛算得上是“地上枭雄”。这些令人惊奇的巨虫给科学家出了两道难题：它们为何会进化出如此巨大的体形？它们又是如何消失的？

一般认为，巨虫的体形与当时大气中极高的氧气含量有关。石炭纪大气中氧气含量是35%，而现在的只有21%。在石炭纪的“虫子大家庭”里，昆虫是种类和数量最多的一类。美国加州大学两位古生物学家马修和吉瑞德，在研究了3.2亿年间的1万多个昆虫化石样本后发现，在最初的1.5亿年间，大气中氧气含量上升或下降时，昆虫的最大体形会随之变大或缩小。然而，在之后的一段时期，大气中氧气含量虽然上升到了很高的水平，昆虫的体形却缩小了。鸟类就是在这个时期出现在地球上。在9千万年到6千万年前这段时期内，昆虫的体形下降最快；鸟类也正是在这3千多万年中，进化趋于完善。

似乎可以推断出，巨大的氧气含量为虫子带来了巨大的体形，而鸟类给巨虫带来了末日。当然，个头不大的鸟类不太可能把那些凶猛的“大块头”统统吃掉，不过它们身姿矫健灵活，飞行技巧高超，这使它们拥有更强的捕食能力。有一种可能就是，那些需要大量食物维生的巨虫们被鸟儿抢走了食物，只有不需要太多食物的小虫才存活了下来……

进化可真是一件奇妙的事情。当巨脉蜻蜓震动双翅骄傲地在空中飞翔时，爬行动物刚刚出现在地球上。它们看起来卑微，竞争力薄弱，就像故事中那只被追赶的小蜥蜴。不过随着亿万年时间流转，隐藏在爬行类DNA密码中的潜力终于爆发出来。它们进化出了称霸一时的恐龙，随之进化出了新的空中霸主——鸟类。

始祖鸟想象图

● 掠掠寿

据说我出生不久，一位先知千里迢迢来我家探访。他一看到还在襁褓中的我，就欣喜地说了一句话：“叽里咕噜噼里啪啦不吐不吐酷卡酷卡。”翻译过来就是：“神啊，这是会花（发）光的金子啊！”

的确，我一来到人世间，就开始花（发）热花（发）光。还有谁能像我一样，在生命的源头就这般流光溢彩呢？追溯到五百年前，追溯到上古世纪，追溯到侏罗纪，追溯到……哎哎，让我带你们到巨大爬行动物悄然登场的三叠纪看看吧，即便是在地球上称霸了亿万年的伟大生物——恐龙们的始祖，哼，也不过如此。

一级准备、二级准备、三级准备——穿越！咻——

糟糕，我掉进沼泽了！

砰！一落地就摔了个屁股墩儿，太影响我卓尔不凡的帅哥形象了，还好一点儿也不疼。趁没人看见，赶紧拍拍裤子站起来……呃，裤子后面，绿白相间、软塌塌、黏乎乎的一摊，究竟是什么？

恶心！它们是食草类动物的……

咳咳，我终于来到传说中的盘古大陆。这干旱的大地，这火红的沙漠，还有这枯朽的蕨类植物，这不时从四面八方传来的兽类的嚎叫声，就像地铁站里的报站器，在喊：乘客您好，您的目的地——三叠纪已经到了……

三叠纪距今有两亿四千五百万年到两亿零八百万年的历史，这个时期，地球上所有的大陆都合在一起，组成了一个巨大的板块，就是通常所说的盘古大陆。

我现在所处的环境，是块已经干旱了很久的新生地。前来欢迎我的飞行军团是我们的故交——蜻蜓。它们早在三叠纪初期就已出现，并且成为各种水边昆虫的天敌。此刻，它们因为我的到来而兴奋莫名，就像是狂喜之下举止失措的一群粉丝。啊，最后面的大鸟正是蓓天翼龙！它是最早能振翅而飞的翼龙，特别偏爱以蜻蜓为食……

好吧，我承认那些蜻蜓是逃命的，但它们一定是因为发现了我的魅力和亲和力，才大批大批冲到我身边的。

这时，最悲惨的事情发生了！英勇无比俊美无匹的我，似乎、好像因为躲避蜻蜓而陷入了……一潭泥沼？！

哇哇！我昨天才换上的JACK&JONES(服装品牌)啊……

我发现了吉祥三宝！

沼泽很深，淹到我的胸部。我只好老老实实待在原地，一动也不敢动。天啊，谁来救救我吧！

突然间，我感觉身后有一阵气息流动，然后是一声低沉的嚎叫。我尽可能轻微地转动头颈，一头巨大的爬行动物映入眼帘——一只扁兽龙。我大大地松了一口气。别看扁兽龙长得笨重丑陋，一张脸像糊满泥巴的脸盆底儿，两只犀牛角一样的獠牙挂在腮边，脖子上的赘肉多得像一条沙皮狗，可这些都掩盖不了人家是面恶心善的食草动物的事实！啦啦啦，我的生命一点都不会受到威胁，只要耐心地等它路过就好了。

三叠纪的气候炎热干燥，沼泽虽然危险，却不失为一个凉爽的避暑地。我一边乘凉，一边顺着扁兽龙消失的方向瞧啊瞧。不远处的泥土下有条长长的裂缝，似乎有什么影子在那里晃动。我费尽力气伸长胳膊拎起它——一个能够自动聚光的微型远红外线透视望远镜！我看清楚了，那个晃动的影子是一只成年犬牙兽！那么，在那条裂缝里，一定住着相亲相爱的犬牙兽一家。

家门口来了不速之客！

一些酸溜溜的诗人总爱说“只羡鸳鸯不羡仙”。事实上，早在鸳鸯的祖先始祖鸟还没有从翼龙进化而来之前，就出现了一种坚守一夫一妻制的生物——介于爬行类与哺乳类之间的犬牙兽。

什么叫介于爬行类与哺乳类之间呢？简单来说，就是犬牙兽既下蛋，又喂奶。小犬牙兽从蛋中孵化出来之后，要在妈妈的怀里吃上三个月的奶才能出窝独立生活。它们喜欢穴居，通常住在河岸边的地洞里。

犬牙兽一般都在晚上捕猎，与那些庞大的爬行动物相比，它们的体形有些娇小，所以“上夜班”对它们来说，是一种比较安全的觅食方式。现在犬牙兽一家老小都在窝里团聚呢。让我来数数看，一二三，一共三只小崽儿，加上爸爸妈妈，嗯，幸福的五口之家。三只犬牙兽小宝宝都围在妈妈跟前吃奶，看它们的大小，还需要这样吃上两个月才可以出去混江湖呢。犬牙兽妈妈身下垫着厚厚软软的枯草，那是犬牙兽爸爸一趟一趟从河边衔回来的——家务活儿都让他这么抢在头里做完了。

洞口附近突然走来一个巨大的身影，它的体形是犬牙兽爸爸的两倍，遍身都是青白色的蛇形花纹，额头中央还有一块红斑，鹭鸶一样的腿上缠绕着黑白条纹——这个穿着“媒婆装”的不速之客，就是大名鼎鼎的恐龙家族的始祖虚行龙。

爸爸，我等着你回家！

虚行龙是循着犬牙兽的气味跟踪到洞口的。它动作迅捷、性情凶猛，饿极了就连穷凶极恶的恐龙远亲后鳄兽都敢惹。这种“我的地盘我做主”的霸主意识，为它和它的子孙们日后一统河山奠定了基础。

虚行龙对着洞口一阵狂吠，引来了自己的另一个同伴。犬牙兽夫妇很是气愤，他们丝毫不怵对方的大块头身板儿，冲到门口，大声叫嚷。习惯在白天耀武扬威的虚行龙之前没有见过老上夜班的犬牙兽，一时之间心虚起来，鸣金收兵。

天快要黑下来了，犬牙兽爸爸要出门工作了，他回头看了看正在辛苦喂奶的犬牙兽妈妈，爱怜地把头搁在她脑门上蹭了蹭，又挨个儿闻了闻小宝宝们，才出了门。一只犬牙兽宝宝从妈妈怀里挣脱出来，跟着爸爸的脚步来到门口，粉红色的小身子缩成一个球。他睁着乌溜溜的大眼睛，看着爸爸离去的背影。

悲剧，就在这一刻降临。

白天在洞口和犬牙兽对峙过的虚行龙一直没有走远。它看到犬牙兽宝宝来到洞口，便悄悄凑了过去。犬牙兽宝宝看到一种从没见过的怪物出现在自己家中，好奇地盯着这个脸上搽得五颜六色的家伙。虚行龙一跃而起，像一道闪电蹿过来，叼住了宝宝。相对于虚行龙的袭击，犬牙兽宝宝的挣扎是那

样无力，他只来得及发出“咿呀”一声尖叫，粉红色的身体就消失在虚行龙的嘴边。

已经出门的犬牙兽爸爸听见了宝宝的悲呼，立即折返冲了回来。他往家的方向飞速狂奔，对着虚行龙就是一阵悲愤的怒吼。

虚行龙已经捕得猎物，无心恋战，与犬牙兽爸爸对峙了一会儿便退走了。

我在远处的沼泽里用望远镜观看了整个过程，却只能无奈地垂头、叹息……

敌人卷土重来！

我尝试了从沼泽中挣脱的一百零一种方法，却都没能脱身。

这里除了在我头顶乱飞一气、有眼不识金镶玉的蜻蜓和蓓天翼龙之外，还有时刻进入梦游状态的扁兽龙，吱哇乱叫片刻不宁的长嘴虚行龙，体格严重超标、走起路来地动山摇的大胖子板龙……谢天谢地！它们统统都拜我强大的魅力所赐，只敢偶尔抬起头来，飞快打量我一下子。

一只花脚虚行龙“哧溜”一声从我身旁冲过去。咦，看她那“黑白条纹袜”配“八寸高跟鞋”的打扮，不正是将犬牙兽宝宝活吞入腹的那个杀手吗？在她身后还跟着她长得像扫帚似的虚行龙丈夫，他们直奔犬牙兽家所在的洞穴。啊，犬牙兽又有危险了！

“媒婆”虚行龙用长嘴和爪子不断刨开掩住洞穴的浮土，想伸头进去，活捉犬牙兽夫妇。“扫帚”虚行龙跳到洞穴上头，讨好地为她摇旗呐喊。犬牙兽夫妇还没有从失去孩子的打击中恢复过来，他们目

光呆滞地蜷缩在洞中，进退两难。如果不是还剩下两个小宝贝，也许他们会冲上去拼个你死我活；又也许，他们会自动送上门去充当食物。对爱情忠贞不渝的犬牙兽，也像人类一样充满浓浓的亲情。

月上中天，蓓天翼龙收回了俯冲的翅膀，找了一根树枝栖息；一只后鳄兽用武力赶跑了地盘争夺者，得意地将尿液喷出老远，以画定自己的势力范围；板龙大摇大摆地回到了自己的老巢，开始了雷打不动的美容觉……弥漫开来的夜色暂时缓解了犬牙兽一家的危机——嚣张的虚行龙一向是土包子龙类，对每天按时降临的无边黑暗感到莫名的惊慌——“媒婆”虚行龙和“扫帚”虚行龙只得悻悻收工。“媒婆”虚行龙临走前狠狠地跺了一下脚，像是在向犬牙兽一家示威：我胡汉三是要回来的！

孩子，我们只能这样选择……

夜深了，我一边练山寨版《葵花宝典》的内功心法，驱赶涌上身来的阵阵寒意，一边无比焦急和关切地用望远镜注视着犬牙兽一家。

粉红色的犬牙兽小宝宝们缩在洞穴一角，怯生生地看着爸爸妈妈。在这个世界上，他们有太多东西没有体验到——他们甚至还没有出过家门口一步！他们的生命再卑微不过，不止是虚行龙，一场暴雨、一回山火，甚至只需要后鳄兽这样的笨重家伙轻轻踏上一脚，他们就再也不能睁开那双对生命充满渴望的眼睛了。

再过几个小时，贪婪的虚行龙就会踏着清晨的露水大举来袭，到那个时候，犬牙兽全家都会葬身敌人腹中！再不逃走就没有机会了！年幼的犬牙兽宝宝才刚刚学会站立，他们甚至还走不出洞口，该往哪里逃？难道要眼睁睁地再一次看着孩子被吃掉？

接下来的一幕场景，大大出乎我的意料，却又似乎是在情理之中。我垂下头，闭上了我的眼睛……可即使是这样，我仿佛也看到了那令人绝望的一幕：犬牙兽爸爸和妈妈轻轻衔起了他们的孩子。宝宝还以为父母在和他们玩一种新游戏，快活地发出了“呀呀”的叫声。谁知就在下一秒，爸爸和妈妈竟然用尖利的牙齿，把他们柔弱的身体活生生地扯开，撕成一条一条，再一口一口地吃下去。就这样，最后一只宝宝，也被爸爸妈妈吃到了肚里。

孩子们，对不起，爸爸妈妈没有能力保护你们……不能带你们走……也坚决不能让你们像哥哥那样，惨死在虚行龙的口中……孩子们，爸爸妈妈要为你们生下许多的弟弟妹妹。这样，我们犬牙兽一族才会慢慢繁衍和强大起来，不再受别人欺负……

恐龙时代的华丽登场！

犬牙兽夫妇打量了一番洞口，又无限凄惶地回头看了一眼曾经的家。他们由于哀伤和疲惫而显得无比瘦弱的身影，很快消失在洞口前的小径上。他们会如愿以偿地生下新的犬牙兽小宝宝吗？犬牙兽这个物种会繁殖得很快、进化得很强大吗？

当然，当然。犬牙兽是我们看到的许多小型恒温哺乳动物的始祖呢。

旱了很久的盘古大陆，为了迎接我的到来，大清早哗啦啦降了一场大雨。

“媒婆”虚行龙和“扫帚”虚行龙赶在下雨之前就冲到了犬牙兽的洞穴。犬牙兽的气味还没有完全消散，虚行龙勤奋地在洞口前来回掏挖。掏、挖、掏、挖……最后气呼呼一蹦三尺高地跳脚走了。

我还是待在沼泽里，雨水把我浇得透湿，像是一只落汤……呃，凤凰。

然后，沼泽变成了泥池、泥池变成了水潭、水潭变成了小溪，我就慢慢地游到岸边……我自由了！

干涸的河床获得无限滋润，火红的沙漠退却不见，取而代之的是郁郁葱葱的灌木。远处慢吞吞踱步过来的是肥胖的板龙群，不久之后，他们将和各位恐龙表亲占领整个陆地、海洋和天空，长达亿万余年。恐龙时代，从此登场。

而我，阿嚏！和我被泥巴糊得像椰子壳一样的JACK&JONES，光荣地回来了！阿嚏——阿嚏——还是先知说的对，我是走到哪里都会闪闪花（发）光的金子！下一次，就让我带领你们去恐龙称霸天下的白垩纪看看吧！

恐龙们，你们有福了！阿嚏——

暴龙小猛成长记

● 闫团祥

暴龙的诞生

暴龙小猛出生在白垩纪晚期的山东省诸城市臧家庄。那时诸城地区植被郁郁葱葱，湖泊一望无际，非常适合恐龙繁衍生息。小猛妈妈在这里拥有广达数百平方公里的实力范围，到了青春期的她，通过持续数周爱的呼唤吸引了正在游荡的小猛爸爸。数月之后，在干燥向阳的土坑里，依靠着阳光和植物腐烂发出的热量，暴龙小猛就这样诞生了。

“暴家”有龙初长成

诸城地区分布面积最大、数量最多的恐龙当属鸭嘴龙。它们习惯在水草丰茂的沼泽地区过群居生活。为了满足自己对食物的需求，暴龙喜欢跟鸭嘴龙、角龙、甲龙做邻居，所以暴龙小猛家就把巢穴筑在不远处的丘陵高坡或密林深处。

暴龙妈妈疼孩子是出了名的。在孵化小猛的日子里，小猛妈妈日夜守在巢穴周围，防止蛋宝宝遭受到骚扰或被偷吃掉。雌暴龙每次产卵十来枚，但由于白垩纪末期自然环境的种种不利影响，致使暴龙的卵化成功率很低，连50%都不到。小猛妈妈这一次产了8枚蛋，但只孵化出了包括小猛在内的3个暴龙宝宝。

暴龙小猛出生之后，小猛妈妈就开始四处为他和他的兄妹觅食，当小暴龙听见暴龙妈妈猎食归来时，他便凑上前来开始讨食物。暴龙妈妈会用嘴将猎得的食物放在小暴龙的面前。暴龙性情残暴，为了争抢食物，几周大的兄弟姐妹之间也会自相残杀。所以一般情况下，暴龙妈妈至少会保护龙宝宝长到3个月大左右。这期间，暴龙妈妈会带小暴龙兄弟姐妹出去觅食，教他们学习捕猎方法和技巧。暴龙小猛在出生后2个月就把他两个兄妹赶跑了，独享妈妈的呵护。

暴龙虽然凶猛，寿命却不够长，平均寿命只有16.6岁，迄今为止最长寿的暴龙也只活了28岁。特别是进入性成熟期后，暴龙的死亡率猛增，每年超过23%，原因是他们太好斗了。暴龙不但寿命短，而且生长速度也很缓慢。美国佛罗里达州立大学爱里克森博士研究认为，暴龙长成庞大的身躯需要18年，食物充足的时候还能长得快点，在14岁到18岁期间体重能增长近3吨，成年时总体重就达到5吨以上，然后体形上也就不会再有明显的增长了。也就是说，暴龙小猛不用减肥，运动量也超级大，永远胖不了。

暴龙小猛还惯用“重点击破”的战术。素食性恐龙在感到危险时通常会四散逃跑，尤其是鸭嘴龙。这时小猛往往会选择“老弱病残”进行追赶攻击，牙齿是他的有力武器，就像是一台骨骼破碎机，咬合力非常惊人，通常几口就可以将对方毙命。科学家曾经做过一个实验，暴龙的牙齿可以洞穿汽车的车皮。

天生的猎手

暴龙是个弱肉强食的家族。为了生存，暴龙小猛就必须猎杀其他恐龙，其中包括同类。他有自己的猎食方式。作为一种大型肉食动物，暴龙小猛经常单枪匹马独自出没于旷野，发现可猎取的目标就会发动猛烈攻击。单独出猎是为了避开与其他暴龙争抢，获取足够的食物，以更好地生存。可是如果不幸碰到比自己更强壮的暴龙或者战斗力比较强壮的角龙团队时，他也只能干瞪眼了。

在暴龙小猛7岁的时候，一次，他捕获了一只小鸭嘴龙，刚吃上几口就引来了一只壮年暴龙。小猛不甘心自己的战利品被壮年暴龙抢走，便与他争斗，被咬了一口。你看小猛脊背上还有那家伙的牙痕呢！幸亏小猛跑得快，不然，指不定也成了他的美餐，太危险了！

暴龙也不是见谁咬谁的。在恐龙王国里，暴龙的智力是高度发达的，善于采取“跟踪偷袭”战术。素食性的角龙类和鸭嘴龙类都喜欢群居生活，他们也经常游走在生长有苏铁、蕨类和松柏的宽阔森林以及河岸边的森林沼泽旁。根据脚印的形状和新鲜程度，暴龙小猛就可以判断出是哪一种龙经过，体形有多大，根据脚印的大小和深浅，小猛甚至还能分辨出有几只小龙和老龙。发现恐龙后，暴龙会悄悄地跟在后面，趁夜幕降临时偷袭，经常能得手。

协同作战

暴龙小猛的块头很大，食量当然也大，每天得吃90多千克的肉才能维持生存。如果想顿顿吃鲜肉，就得经常花力气去追捕猎物，可是并不是每次捕猎他都能满载而归。特别是到了令小猛无比厌烦的雨季，泥泞和湿滑常常使他劳而无获，尤其是遇到角龙或甲龙这样的劲敌，他更是无能为力。迫不得已他只能吃腐肉充饥，有时还会饿肚子。对于鲜肉的思念，促使暴龙协同作战。于是，暴龙小猛和他的兄弟姐妹又走在了一起。

7000万年前的一个夜晚，暴雨滂沱。鸭嘴龙、角龙、甲龙这些家伙正躲在高大的杉树林里酣睡。暴龙小猛团队在雷声的掩护下，悄悄地完成了对这些恐龙的包围。随着他一声令下，数十条暴龙恶狠狠地扑向龙群。在美国蒙大拿州落基山博物馆，研究人员研究一只三角龙骨骼化石时，发现其上面布满了齿痕，显然有某些大型肉食动物以三角龙为食，这种咬痕的模型与暴龙小猛的牙齿相同，而在山东省诸城市发掘出的化石为这个推测提供了最有利的证据。那里发掘出了巨型诸城暴龙的骨骼和牙齿，证明了暴龙与这些植食性的恐龙是生活在同一时代同一地区的，也足以说明暴龙是以角龙和鸭嘴龙为食物来源的。

暴龙小猛的邻居们

名称	三角龙
拉丁文名	Triceratops
体长	约为7.5米长，2.9米高
体重	约为5吨
食物	植物的嫩枝叶和多汁的根、茎
生存年代	白垩纪后期
生存地点	美洲
辨认要诀	两只额上的尖角长，第三只从鼻后伸出的角较为短而厚重

名称	鸭嘴龙
拉丁文名	Hadrosaurus
体长	约为10米长，5米高
体重	约为4吨
食物	柔软植物、藻类或软体动物
生存年代	6500万-8000万年前，白垩纪晚期
生存地点	亚洲及北美洲，在中国主要为山东、内蒙古、宁夏、黑龙江、新疆、四川
辨认要诀	后肢粗壮，脚宽大，前肢细弱，头骨很长

名称	剑龙
拉丁文名	Stegosaurus
体长	约为4.5米长，1.5米高
体重	约为2~4吨
食物	低矮植物
生存年代	1亿4000万-1亿5600万年前，侏罗纪晚期
生存地点	美国科罗拉多州、怀俄明州和犹他州，欧洲、非洲，亚洲的印度和中国
辨认要诀	背上有板状的骨头，尾巴尖端有长刺

城市“侏罗纪”

世上有一种生物，它们高大，强壮，时而凶猛，时而温柔。

可惜它们在今天的世界已不存在，你只能在科幻电影中凭吊它们的雄姿……

它们就是庞大的恐龙家族。

恐龙最繁盛的时期——侏罗纪，已经过去了1亿9960万年，昔日的浓密丛林变成了城市，也许你现在学习的教室、打闹的操场当年是狂暴的霸王龙与坚韧的三角龙决战的场所。

既然我们无法重返侏罗纪，那可不可以让恐龙在这个时代，在我们的城市复活，上演一场城市“侏罗纪”？

城市“侏罗纪”之恐龙复活

实现恐龙复活的条件极为苛刻。科学家必须从现存的恐龙化石中拼出一种恐龙的完整DNA序列，而且要保证这一DNA序列并没有因年代久远而分解。

有了DNA，还必须有合适的胚胎受体。现在地球上有大象、犀牛等大型动物，用它们做胚胎受体，是否可以培育出恐龙呢？答案很难确定，毕竟大型恐龙的身躯比这些动物还要大得多，不过孵出窃蛋龙、鸟嘴龙这样的中小型恐龙还是大有机会的。

城市“侏罗纪”之适者生存

假如恐龙成功复活，现在地球的环境允许它们生存吗？

侏罗纪的气候比现代温暖，而且地区气候比较平均。北极没有冰川，而且北冰洋平均水温甚至可能高达十几度，这跟火山活动频繁、空气中二氧化碳浓度极高有关。

如果把恐龙放到热带低海拔地区，一段时间的适应之后，相信它们会爱上现代地球。

不过，吃饭是个很严重的问题。

城市“侏罗纪”之恐龙的“亲人们”

虽然恐龙在现代的地球很难生存，不过它们有很多亲人生活在我们周围。

天空代表翼龙：

海洋太大，鱼类太少……

翼龙是和恐龙同时代的动物，其实不能算恐龙。由于我们的过度捕捞，海洋中的鱼类大量减少，增大了翼龙捕捉的难度。同时大型翼龙面临食肉恐龙同样的问题。

虽然相貌差异很大，但现代鸟类的确是恐龙的后代。科学家研究表明，现代鸟是霸王龙演变而来的。亿万年的进化，时光的消磨……

蜥蜴的体形虽然和恐龙差得很大，不过它确确实实是恐龙的远亲。蜥蜴和恐龙都是初龙类的演化分支，恐龙是蜥形纲，蜥蜴是爬虫纲。恐龙灭绝了，蜥蜴却坚持到现在。

食草龙代表腕龙：树叶太难吃了。

现在的丛林和侏罗纪的丛林大不一样。习惯吃裸子植物和蕨类的食草龙们在热带根本找不到自己习惯吃的东西。

鳄鱼和恐龙的血缘关系更近，它们同属于蜥形纲，不过鳄鱼属于蜥形纲下面的鳄目，恐龙属于蜥臀目和鸟臀目。

食肉龙代表霸王龙：

现代的食物们跑得太快了。

在城市里，人类的污染会把它们逼上绝路；在热带丛林里，因为灵活度不够，它们无法抓到健步如飞的虎豹。如果人类不圈养，它们只有饿死一条路。

同学们，也许你不忍心让恐龙复活，那么，请在恐龙卡和这些与恐龙有亲缘关系的动物中寻找慰藉。

Julius Csotonyi

仔细阅读本章，你就能回答出以下问题：

大名鼎鼎的三叶虫生活在哪个时代？

爬行动物的祖先是鱼类。这样说对吗？

在奥陶纪，海蝎的主要食物是什么？

尼斯湖水怪有可能是蛇颈龙。这种推测有道理吗？

穿越到远古海洋

远古时期，海洋里也很热闹，“大鱼吃小鱼，小鱼吃虾米”的生存规律一直存在。泥盆纪的邓氏鱼、侏罗纪的滑齿龙、白垩纪的海王龙，这些凶猛的大家伙总在四处猎食；寒武纪的三叶虫、奥陶纪的鹦鹉螺、志留纪的头甲鱼，这些小不点儿要躲避大家伙的追逐。在无休止的生存竞争中，地球上第一种鱼、第一种脊椎动物陆续出现了。

远古海洋怪兽

现在，我们要前往一个不为人知的世界，它不属于陆地，也不属于现代。那是真实存在于千百万年前的史前海洋世界。

那是从古至今最危险的海洋，巨大的猎食者统治着那片漆黑的世界，现代的任何生物在那里都无法安然生存。然而，那个世界被时光磨灭，这些巨兽已离我们远去。

如果你格外注意长相，请千万不要涉足这片领域。

蛇颈龙
生存时代：侏罗纪
狭翼鱼龙
生存时代：侏罗纪
托斯特巨鱿
生存时代：白垩纪
鹦鹉螺
生存时代：奥陶纪
怪诞虫
生存时代：
寒武纪
三叶虫
生存时代：
寒武纪

震旦纪

古老的菌藻类

寒武纪

无脊椎动物

奥陶纪

藻类

怪诞虫

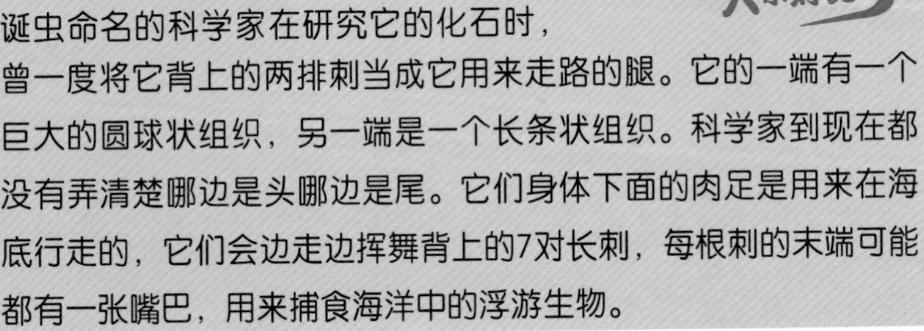

化石发现地：加拿大

这种长相奇特而丑陋的虫子在寒武纪赫赫有名。从它的名字中，你就能感受到科学家挖掘出它的化石后，看到它这副怪模样时的心情。而且，这名给怪诞虫命名的科学家在研究它的化石时，曾一度将它背上的两排刺当成它用来走路的腿。它的一端有一个巨大的圆球状组织，另一端是一个长条状组织。科学家到现在都没有弄清楚哪边是头哪边是尾。它们身体下面的肉足是用来在海底行走的，它们会边走边挥舞背上的7对长刺，每根刺的末端可能都有一张嘴巴，用来捕食海洋中的浮游生物。

欧巴宾海蝎

化石发现地：和怪异的怪诞虫一样

加拿大所在的海洋在远古时期绝对是出产怪物的地方！科学家认为这种长相奇特的海蝎生活在浅海中，它那张奇特的嘴是专门为了扫荡海床洞穴内的小虫子而长的。它们用鞭子一样的嘴巴扫起海沙，看到小虫子后，便用嘴巴前端的爪子抓住小虫，塞到头部下面的食道里。

欧巴宾海蝎身长约为1.2米，立起来跟很多小学低年级的学生一样高哦！

身体两侧长有14对像船桨一样的腮，用于呼吸和游泳。

头顶上长着 5只带杆的眼睛，就像蜗牛那样。

志留纪

泥盆纪

石炭纪

二叠纪

三叠纪

侏罗纪

鱼

藻类

两栖动物

裸子植物

爬行动物

化石发现地：澳大利亚中部

邓氏鱼拥有巨大的体形、坦克般坚硬的盔甲和世界第二大的咬合力（第一是锯齿鲨），是堪称天下无敌的海中霸主！很有可能是世界上第一个“百兽之王”。

大小对比

科学家发现，邓氏鱼的化石中总是有一些没有被消化的生物残骸，所以它们认为邓氏鱼长期被消化不良折磨。消化不良的原因可能是：1.它们嘴上长有两条刀刃一样锋利的锯齿，几乎可以粉碎任何东西，但是它们没有用来咀嚼的牙齿。2.它们吃鱼、鲨鱼、海螺，甚至吃自己的同类。

随着科技的发达，科学家们正尝试从邓氏鱼的化石中提取它们的DNA，把这种魔鬼一样恐怖的巨大鱼类重新带回世间。

蛇颈龙

化石发现地：全世界均有分布

这种恐龙因为有一条像蛇一样灵活、细长的脖子而闻名。但是近期科学家们在研究它的化石时发现，蛇颈龙的颈部骨骼之间连接非常紧密，这可能说明它们的脖子其实很僵硬，并不能灵活扭动，甚至连抬头都很困难。

现在，世界上流传着蛇颈龙还存在的传说。你或许听说过尼斯湖水怪或者天池水怪，很多目击者称看到一条像巨蟒一样的长脖子从水中探出，游过水面。虽然科学家们至今没有抓到一只水怪，但他们猜测，人们看到的水怪很有可能是侏罗纪存活下来的蛇颈龙后裔。不过，事实真相还需要科学依据和时间的考量。

侏罗纪

白垩纪

第三纪

被子植物

哺乳动物

狭翼鱼龙

化石发现地：德国

当生物演化到这里，古老的海洋世界里的动物的长相已经和现代生物越来越相似了。狭翼鱼龙的习性和现代的海豚相似，体形也和海豚差不多大。它们有着小巧的脑袋、狭长的鼻子和又尖又大的牙齿，四肢演化成了鱼鳍。从它们流线型的外形上我们能推断出它们游泳速度极快。

古生物学家曾发现过一具宝贵的狭翼鱼龙化石，它记录了一只母龙生小龙的过程。我们通过化石知道，小鱼龙出生时是尾巴先出来，头部最后出来。这样，它就不会在没有完全出生时，因为头部先进入水中而被淹死。

托斯特巨鱿

这是最早的一批巨型大鱿鱼，身长能达到11米。通过近些年来的研究，科学家们认为，现代的吸血乌贼很有可能就是它们的后代。科学家曾在一种食肉性大鱼的食道中发现了托斯特巨鱿的残骸。他们猜测，这只巨鱿在被吞下后，触手依然缠绕在大鱼的嘴外，最终

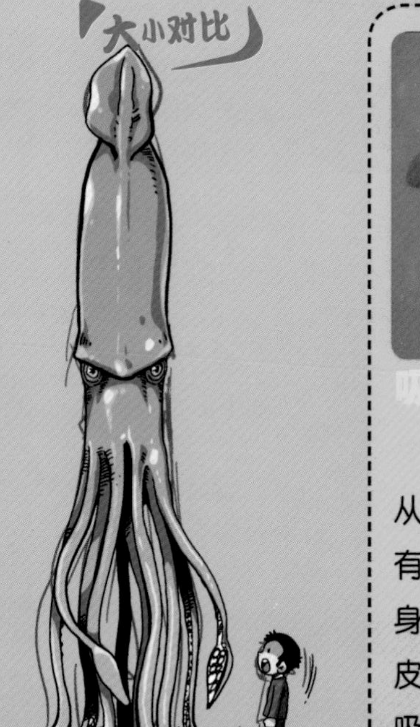

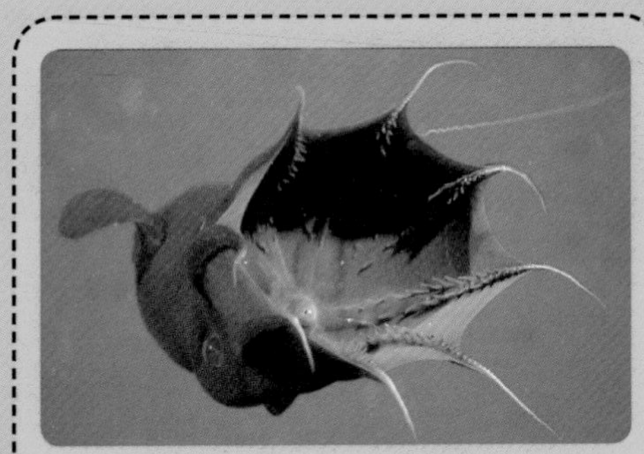

吸血乌贼

吸血乌贼其实不是乌贼，它们是从远古时代存活下来的活化石，并没有演化成乌贼或者章鱼的形态。它们身长约为30厘米，不吸血，只是因为皮肤呈鲜艳的紫红色或鲜红色，好似吸满了血液一般，才被冠以此名。

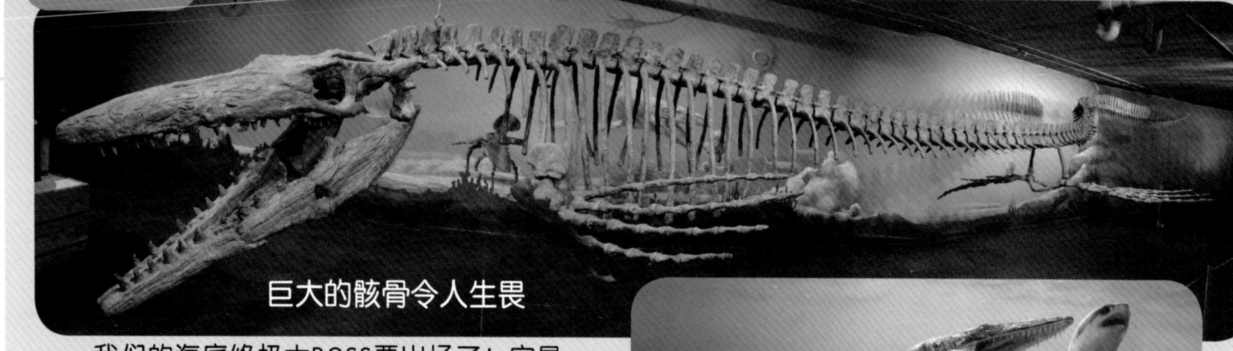

巨大的骸骨令人生畏

我们的海底终极大BOSS要出场了！它是史上最凶残的巨兽之一，身体之巨大少有动物能与其媲美。它不是恐龙，但和恐龙们生活在一起，甚至还把恐龙当作食物。恐龙灭绝后，它也随之消失了。

这种白垩纪霸主身长起码能达到15米，坚硬的圆筒状颌骨是它们的武器，可以击打猎物。科学家们在它的胃里发现了鲨鱼、沧龙、蛇颈龙等各种大型海兽的骸骨，可见它是真正站在食物链顶端的生物！

人类

现代植物

随着物种的更新，巨兽们被埋在了岩石下成为化石，但是它们并没有永久地消失。当我们的考古学家将它们的化石从地下重新发掘出来的时候，它们再一次重见天日，向我们讲述它们的故事。

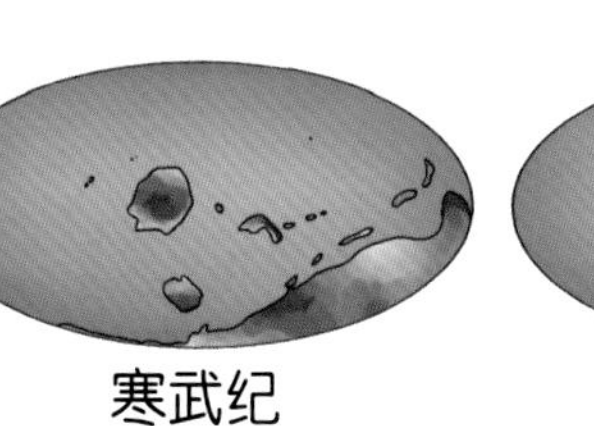

寒武纪

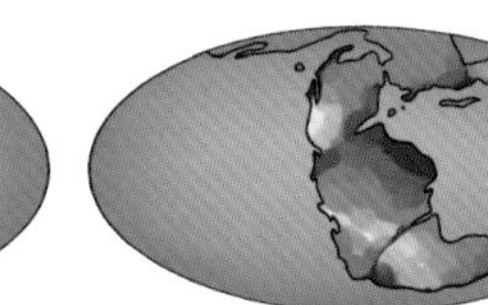

泥盆纪

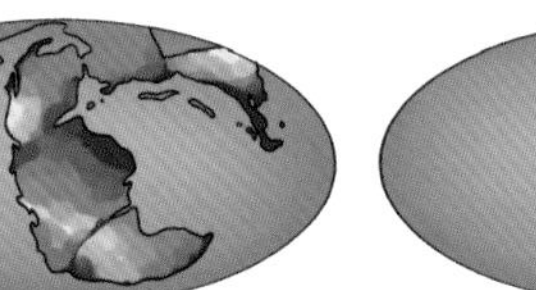

侏罗纪

白垩纪

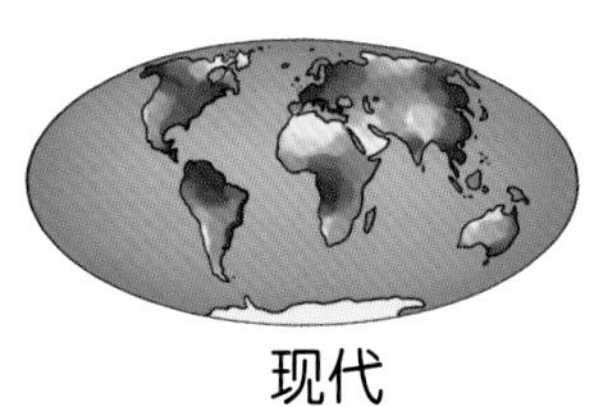

现代

5亿年后

在这些奇异的动物轮番上演生存大战时，地球也没闲着。它从诞生的那一天到现在，整整45亿年一直在不停地生长、变化。它的变化使陆地上出现了山峰、裂谷，也使很多生物因此出现、灭绝。现在，它依然没有停下。在未来的时光里，非洲也许将会与欧洲碰撞，澳大利亚可能会和东南亚合为一体，大西洋也可能会渐渐消失。5亿年后，我们的地球很有可能又变样了。

遭遇滑齿龙

● 阿闻

一亿六千万年前的侏罗纪是一个巨兽横行的时代。陆地上，性格温顺的梁龙扬起长长的脖颈，成群结队地穿过丛林；天空中，翼龙展开几米宽的大翅膀，滑翔而过，身后带起一股强劲的风。幽深神秘的史前海洋中，一种集凶狠、庞大、有力于一身的超级怪兽正缓缓游动——超过20米的强壮身躯，一张密布着利齿的巨颚，每一颗牙齿都有70厘米长，它投下的阴影是所有海洋生物的噩梦……但对于穿越到史前世纪的见风我来说，什么样的怪兽也无法吓倒我！实际上，我还很怕他们看到我的“美貌”而震惊到自卑呢！这次，我将在侏罗纪进行一项极限运动：只身潜入海底世界，展示一下我优美无双的潜水姿势。同时，我要完成一项有生命危险的任务——在海底发起地毯式搜索，去探知滑齿龙的秘密生活！

见风

伪装

此刻，我极为潇洒地站在侏罗纪的海滩上，手里拿着一本《侏罗纪漫游指南》。一片蓝色水域环绕着我，大大小小的岛屿散落其中。我对着大海充满深情地呼唤："欧洲，我来啦！"

未来的欧洲大陆此刻正静静地卧在这片美丽的海面之下。1亿5千万年以后，在地壳运动和气候变化的双重作用下，我眼前的海水将逐渐退去，海底缓缓抬升，最终变成一块完整的新大陆。一种用两条腿直立行走的哺乳动物将成为这片土地的统治者。他们会创造出辉煌的文明……不过在侏罗纪时代，我们现在称为欧洲的地方还是茫茫汪洋。陆地恐龙们生活在一座座小岛和一片片浅滩上。在这里，喝口水都要小心谨慎。谁又能知道，看似宁静的海面下究竟隐藏着什么样的危机……

"滑齿龙，滑齿龙……"我快速翻阅《侏罗纪漫游指南》，寻找着滑齿龙的条目。出发前，本来一直对我"白眼有加"的小驴朋友欧欧居然硬把它塞进我的旅行包里，并且满含热泪、深情款款地交代："这是我专门为你此行准备的礼物，要心怀感激地珍惜哦！"这本书又厚又重，看起来很权威，但一想到欧欧只花了一顿午饭的时间就写完了它，我心里就生起一股不祥的预感。

"噢，找到了！"我终于翻到了滑齿龙档案，不禁松了一口气，看来欧欧还是很值得依靠的战友呀！

"就这么简单？"我目瞪口呆，5秒钟后才缓过神来，掏出超时空对话机不顾形象地怒吼："欧欧！你写的这是什么简介？滑齿龙身高多少，平常去哪里溜达，爱喝茶还是咖啡，喜欢清蒸还是红烧……"

ID：滑齿龙

级别：侏罗纪海洋的老大，号称史上最强大的水生食肉生物。

神秘度：★★★★★

凶残度：★★★★★

狡猾度：★★★★★

"好啦好啦，"对话机的另一头，欧欧淡定地呷了口咖啡，"简介当然是越简略越好。再说，我只见过滑齿龙的几颗牙齿化石，其他情况要靠神勇无敌的见风兄你来补充喽——哦，我倒是可以负责任地告诉你，滑齿龙的每颗利齿都有70厘米长噢，差不多和你的腿一样……"

"住口！敢泄露我隐私者杀无赦！"我发出一声震天吼，狠狠地摁下对话机的关闭键。

但是，在这侏罗纪，孤军奋战的我——见风大侠举目无亲。即使此刻的我内心充满了愤怒，也只能依靠这本不怎么靠谱的《侏罗纪漫游指南》了。

"好吧，让我先查一查有什么方法可以快速吸引滑齿龙的注意力。"出乎意料的是，我居然在这本粗制滥造的指南书上找到了密密麻麻的介绍文字——

“情定滑齿龙”的三大必杀技：

1.将自己打扮得花枝招展，在传说中有滑齿龙出没的海边日夜徘徊，并且勇敢地把身子探到海面上。在某个你意想不到的时刻，滑齿龙的巨颚会从水下冲出，一口将你拖入水底。

2.潜入海底，悲壮地割破自己的手指头，用血腥味告诉滑齿龙：“这里有免费晚餐哦！”

3.鬼鬼祟祟地跟踪滑齿龙家族，看哪只小滑齿龙掉队了，就上前“骚扰”。这招能百分之百地引发滑齿龙妈妈的强烈“兴趣”。

我双手颤抖，极力抑制着内心深处将这本见鬼的指南书摔入大海中的冲动。欧欧，你一定是故意的！我只不过偶尔让你给我洗洗袜子，打不到的士的时候暂时把你当作交通工具，在你对着卫生间的镜子唱走调的歌时号召朋友们围观。除了这些，我对你那么好，而你，你就这样恨我吗？！

然而，我很快就从激烈的情绪中恢复过来。我摆出雕像思考者的经典姿势，在海边的礁石上坐下，还不忘把厚厚的《侏罗纪漫游指南》垫在屁股底下。哈，这玩意儿厚度刚好，硬度也不错，舒服！

我忽然一拍膝盖，恍然大悟：“对，我可以装扮成海底生物，在滑齿龙的‘家门口’蹲点呀！”

只是，侏罗纪的海洋生物到底有哪些呢？我又犯愁了。犹豫再三后，我心不甘情不愿地从屁股下抽出指南书，又翻阅了起来……

终于找到比较靠谱的资料了，我长长地舒了一口气：“嗯，大眼鱼龙和滑齿龙都是海洋恐龙，我就伪装成大眼鱼龙吧！都是亲戚，见面好说话嘛。”

侏罗纪海底交友手册

ID:大眼鱼龙

级别:侏罗纪海洋中最古老的恐龙之一。

快照秀一秀:酷似海豚的流线型身材,强有力的尾巴,是侏罗纪的海底赛车哦!

热衷的运动:自发地组成壮观的妈妈旅行团,成群结队地从深海游向浅滩生宝宝。

最喜爱的食物:软绵绵的乌贼,果冻一样的好口感,哧溜一口下肚,满足呀!

ID:利兹鱼

级别:有史以来最大的鱼类,身长超过25米。

快照秀一秀:别被我的外貌吓到哟,其实我特温顺,除了小鱼小虾和水母,我从来不伤害其他海洋生物。

意想不到的弱点:身材庞大,运动起来笨拙又缓慢,大个头不仅不能吓跑掠食者,反而使它成为许多海洋怪兽眼里的"移动冰箱"。

潜伏

侏罗纪的海洋汇集了许多奇异而巨大的生物,连珊瑚礁丛都仿佛是专门为这些"大家伙"准备的。它们就像一座座掏空的山,彼此相连,形成迷宫般的海底洞穴。

"好美啊!就这样做一头悠闲的侏罗纪大眼鱼龙也不错咧……"我仰望着在头顶穿梭往来的大眼鱼龙,有几百条,不,甚至上千条吧。它们密密麻麻,布满了整片水域。大眼鱼龙们专心地向浅滩游去,它们要在那里生下自己的宝宝。谁也没有注意,一个"冒牌货"正鬼鬼祟祟地穿行在它们中间。那个家伙,就是——我!

一道颀长的身影如黑色闪电般掠过我

眼前，紧接着又是几道同样的黑影，平静的珊瑚礁瞬间被搅动得“沸腾”了。

“地栖鳄！”我的耳机里响起欧欧的尖叫声，“它们一定跟踪这条利兹鱼很久了，现在终于要下口啦！”

每一条地栖鳄都有3米长，可是这样的身长也刚刚和利兹鱼的尾巴等长。不过，地栖鳄是侏罗纪海洋中的“群狼”。它们满嘴利齿，身体修长有力，行动迅猛无比。只见四条地栖鳄围绕着利兹鱼，来回游动、轮番攻击。随着每一次进攻，利兹鱼的身上多出了一个个创口，浓浓的血腥味顿时弥漫了整片海域。

“天哪！”我目瞪口呆地看着眼前这场掠食大战，“地栖鳄正在把利兹鱼活活撕碎呢！”

利兹鱼越来越虚弱，它努力摆动着尾巴，想挣脱致命的包围圈。但它的速度太慢了，所剩无几的气力也随着鲜血的流失一点点渗进海水中。终于，它停止了为生存而进行的搏斗……

但奇怪的是，面对束手待毙的猎物，地栖鳄却变得焦躁不安起来。它们交错着划开水流，越游越快。我茫然地四下张望，一直等到这群来势汹汹的掠食者消失在海洋深处才意识到，环绕着我的珊瑚礁早已经变得空荡荡的——只剩下那条奄奄一息的利兹鱼，悬在穿透了日光的海水中，绝望地等待着……

渐渐地，光柱开始晃动，一波又一波的强大水压向我涌来。毫无疑问，某个我从来没见识过的庞然大物正在缓缓靠近……

滑齿龙驾到！

在从一开始的震惊和恐惧中恢复过来以后，我驾驶大眼鱼龙潜艇冲向那个黑影子。那东西狼吞虎咽地将利兹鱼吞进嘴中。啊，这不就是闻名已久的、我的采访对象——滑齿龙吗？趁这机会，我冒着生命危险为它画了一幅速写！这是什么样的敬业精神啊！

我还以为之前出现的那条利兹鱼已经足够填饱滑齿龙的肚子了，谁知道滑齿龙吃饱以后一转头，直直地向我冲来……等等！大眼鱼龙和滑齿龙不是恐龙近亲吗？为什么它要吃我？哦不！是吃大眼鱼龙！不对，还是吃我！

我一激动就声嘶力竭地吼了出来，正在通过超时空对话机“监听”情况的欧欧用无辜的口气问：“见风，我没有告诉过你吗？大眼鱼龙是滑齿龙最主要的食物之一呢……”

他还没说完，我就气急败坏地大喊：“完全没有！绝对没有！”

“哎呀，你吼有什么用呢？我也爱莫能助嘛！”欧欧的声音在我听来犹如晴天霹雳，我狠狠地把对话机一摔，瞪着越来越近的滑齿龙，做好了自卫的准备——以我的智商，哦不，情商……还怕打不败一只海底恐龙吗？

话虽这么说，可我的脚还是发软，手还是发抖，如果我牺牲了的话……我的爸爸妈妈怎么办，我的宠物小喵怎么办……可惜，对话机被我摔烂了，连个可以说“遗嘱”的地方都没有！欧欧，现在我好想你啊！

滑齿龙巨大的身躯划过冰冷的水流，我的骨头

仿佛都要结冰了……它近了，更近了，然后，从我的身旁向海面游去。

我疑惑地抬起头，发现海面上还有什么东西的影子。显然滑齿龙从头到尾都没有把我放在眼里，它的猎食目标正是海面上那个庞然大物——那到底是什么呢？

为了不致落入滑齿龙的巨口，我只好重新拿起红外线望远镜。这一次，一只雌性大眼鱼龙进入了我的视线。它正艰难地将头伸出海面，努力呼吸，腹部一鼓一鼓，随着它的每一次呼吸，正有什么东西从它肚子里挣脱出来。

“啊！”我大叫起来。

终于看清楚了！那是一条大眼鱼龙宝宝，随着妈妈每一次艰难的呼吸，正在努力摆荡自己的尾巴——它必须先让尾巴出来，再让头部出来，否则刚一出生就会溺水而亡！而那只雌性大眼鱼龙妈妈为了得到足够的空气，不得不冒着将自己置于死敌视线之内的危险，将头浮出海面……

就像一朵花突然盛开那样，小大眼鱼龙如同一个轻盈的气泡，离开了妈妈的身体，向珊瑚礁游去——它还很脆弱，必须在那里求得保护，直到“长大成龙”。然而，即使长大也未必能保证自己的安全，因为任何生命在这片动荡不安的原始海洋中，都不过是另一种更强大生物的食物而已……就像那只刚刚生下孩子，筋疲力尽的雌性大眼鱼龙一样。

我还没看清楚是怎么回事，滑齿龙便冲上去，张开利齿，将这位刚刚做了妈妈、还没来得及仔细看一眼孩子的大眼鱼龙一口咬成两半……周围一片红色，我什么都看不清楚了……

滑齿龙退场

这时，我附近的水流忽然开始猛烈地波动，并且越来越强。我惊恐地呼喊起来：“怎么？难道又来了一群滑齿龙？”

不知从哪里又响起了欧欧从容不迫的声音：“不，看这种强度，绝不会是滑齿龙……”我到处摸索，终于在上衣口袋里找到一枚超小型通话机，欧欧的声音就是从那里传出来的。谢天谢地，我就知道大家舍不得我冒险，在我所有口袋里都装满了大大小小的“秘密武器”，以备不时之需。这个通话机就是其中之一。

我终于松了口气，拍拍胸口说：“那就好……”

欧欧继续淡定地说：“不是滑齿龙，而是威力胜过所有滑齿龙，甚至比原子弹的威力还强大几百倍的——海啸！”

天、天哪！什么叫一波未平一波又起，什么叫生离死别、生死关头，就是像我这样，与刚刚进餐完毕的滑齿龙一起被巨浪扔上沙滩！

当我从潜水艇里安全无恙地爬出来时，海水已经退去了，而滑齿龙却在沙滩上无力地拍打着尾巴，垂死挣扎。我看着这个庞然大物，竟然心生同情。虽然在目睹它残忍地吃掉一位大眼鱼龙妈妈之后，我实在对它没有好印象，然而万物循环、弱肉强食，在为了生存挣扎的动物界，这样的事情每天都在上演。也许，这就是地球的新陈代谢吧。

几天后，滑齿龙死去了……那曾经令它称霸海洋的体形反而成为它自己的杀手。没有海水的浮力来支撑它的身体，它150吨的体重给肺部带来了巨大的压迫，使它窒息。一群觊觎已久的陆地恐龙——扭椎龙立刻扑了上来。它们体形小巧，常常几只或十几只一起围着尸体进食——这就是它们赖以生存的食物。为了等候新鲜的尸体，它们可以一直围着将死的动物，直到眼睁睁看着它断气后再一拥而上。这位侏罗纪地球上最大的食肉动物滑齿龙，就这样结束了它霸道而残忍的一生，成为扭椎龙的食物……

滑齿龙生活的主要领地是史前欧洲，是地壳活动十分剧烈的海域。在这里，因为海底火山爆发或者海底地震引发的海啸很常见。一旦海啸袭来，就连坚固如山岩的珊瑚礁“城堡”也会像纸做的模型一样被撕裂成碎片，而栖身其中的那些弱小的海洋生物也会全部随之丧命。

甲虫
老虎
仙人掌
螳螂
恐龙
见风
奥特曼
青蛙
外星人
它们当中，究竟谁是我们的祖先？
古猿！
应该是鱼哦！
小樱
回答正确！
我的前世的前世……是美人鱼哦！

我们是美人鱼

● 朱小羊

“什么？！”我一边看着小樱，一边看着电视里公布的答案，手一软，哑铃“哐当”一声掉到了地上。

我捂住胸口倒退三步，用忧伤的口气说：“啊，这答案真让达尔文伤心，也让我伤心！”

我迅速找来一本达尔文的《物种起源》，哗啦啦地翻着，对小樱挑衅道：“说我们的祖先是鱼，你有什么根据？”

“古有人鱼传说，今有游泳王子菲尔普斯。人类绝对是从鱼类进化而来的！人类的胎儿一开始就生活在妈妈肚子里的羊水中，第4周会长出鳃裂，第5周长出眼睛和尾巴，直到第6周鳃裂才会消失，第7周开始长出四肢，尾巴也越来越短，直至消失。而且婴儿刚生出来的时候，都是会游泳的！这就是最好的铁证，见风，你认输吧！”

丁零零……一阵电话铃声打断了我们的谈话。

“喂喂，我是小樱。”

“美丽的小姐，您刚才答对了我们的‘益智游戏’问题，现在有奖品要送给您哦！”

“请问是什么奖品呢？”一听到奖品两个字，小樱肯定双目发光。

“时空旅行的双人套票，目的地是史前地球。让您和您的同伴亲历我们的祖先从无到有的几大过程。”

“这个奖品太棒了！”

“现在请您和您的同伴一起握住话筒，马上开始穿越吧。时空设置完毕，传送功能启动，去寒武纪请按1，泥盆纪请按2，志留纪请按3，奥陶纪……”

小樱慌张地说：“哎呀，这么快就要决定？我还得翻个资料确认一下呢。”

这种时候，我见风岂能浪费机会，岂能不“路见不平一声吼，该翻书时就翻书”，大显身手一番？

“不用查了！”我用手指一掠金色发丝，和缓沉稳，像解说员那般说道：“生命是从寒武纪开始孕育的，当时大量多细胞生物突然出现，这一爆发式的生物演化事件被后人称之为‘寒武纪生命大爆炸’。所以我们的目的地应该是距今5.4亿年的寒武纪！”

话音刚落，话筒放射出一道强烈的白光。再睁开眼时，我们已经到达了寒武纪湛蓝浩渺的大海中。现在连旅游公司的时空转换器都这么先进了，比小樱常常用的那一台有过之而无不及嘛。

旅游公司出租给小樱的便携式百科电子书开始做环境介绍，我们的耳朵中此刻传来小沈阳那标准东北音朗读的资料："此时的陆地上还没有生命诞生，因此，恐龙，没有；蕨类植物，没有；至于人类，这个真没有……"

"有！我是人类！"我对着电子书大喊起来，但不知是不是声音被数以万计的腔肠动物——水母所吞噬了，这样的呐喊最终变成了一串水泡，伴随着透明的伞状水母们在水中漂来荡去，像是舞动起曼妙的霓裳羽衣曲。哦！对了，电子书显然没有介绍详细，此时的大陆虽然未出现生命，海洋却是另一番光景：不但有了简单的生命，而且它们已经开始了缓慢、稳定的进化。

我和小樱隔着一群水母大眼瞪小眼。"看这群水母游泳真是太无聊了！小樱，我来变个魔术好了。"我浮上海面，左手从空气中抓了一团"有机元素"，用右手盖住，在阳光下晃了一晃，再搓搓双手，就合成了一团"有机分子"。然后我将左手放入海水中，在小樱面前做了一个展示的手势，一个"生物单体"从摊开的手心中诞生了。它漂浮在水中，我的手又不断做出赋予它能量的姿势。终于，一个有生命的单细胞诞生了！

因为大气中的有机元素在自然界各种能源的作用下合成了有机分子，这些有机分子再进一步合成，变成了生物单体，然后这些生物单体通过聚合作用变成了生物聚合物——比如说最重要的蛋白质。因为有了蛋白质，最简单的生命才得以出现。生命产生的这一过程被称为化学演化。

我模拟的生命诞生魔术把小樱都看呆了。她大叫："见风，没想到你还挺有两把刷子的嘛。"

"拜托，你怎么夸人呢？我哪是有两把刷子啊，我是有四把刷子——两只手、两只脚。"

我不知道这次穿越旅行的时间是怎样转换的，但看得出我们面前的生物在快速地进行着进化。几秒钟内，已经开始有一些进化了几百万年才出现的生物慢慢到来——从单细胞生物进化到多细胞生物，陆地上开始生长植物，而海洋中那些柔软的生物中的一部分因为钙质的沉淀，生长出了坚硬的外壳，还有一部分长出了小脑袋，小脑袋上面则冒出来两只黑漆漆的小眼睛……生物的种类开始变得丰富多彩。

我不禁感慨："罗马不是一天筑成的，人类也不是女娲娘娘和些稀泥，随便捏一捏就成型的啊！"

然而，生命的多样化和复杂化也意味着食物链的启动。物竞天择、弱肉强食，地球上第一位无脊椎的超级猎食者终于进化而成了。

"虾？"从小樱错愕的表情看来，她大概是把眼前游过来的这只生物联想成餐桌上的美味小龙虾了……可眼前这只巨虾下巴上却挂着两条卷成羚羊角状的粗壮触须，这是它用餐的"大手"。要是不小心被它逮到，就只能把虾嘴当最后的归宿了。

"呼噜呼噜……哗啦哗啦……"随着这只巨虾的每一次游动，海水里暗涌着杀气！

"奇虾，无脊椎的节肢动物。身长两米，职业为猎食者。"电子书又开始自动解说了，"防御值：280，近身攻击值：55，智商：1，危险系数：中等。"

我和小樱做了个要晕倒的姿势——拜托！旅游公司的电子书居然是个网络游戏迷！还没来得及容我们发表更多感慨，我们便看到另一只奇虾偷偷向第一只奇虾靠近了。看来"好戏"要上场了，一场厮杀在所难免。我和小樱找了个安全地方躲起来，准备"坐山观虎斗"。唉，可惜附近没有卖瓜子和可乐的啊！

奇虾虽然有头，却没有大脑，它们的搏斗常常起因于对同类抢夺地盘行为的反击，而这又完全是出于原始本能。两只奇虾用嘴巴下边的触手打得热火朝天，海水把它们动作引起的震荡波及得很远很远。

"地主奇虾被偷袭者奇虾打得只有半管血了，可怜啊！"小樱边看边感叹，不忘学习电子书，用游戏方式来解说。

"要不要去帮帮那位地主奇虾？"

"不行，弱肉强食是自然法则。"小樱一下子反驳了我，这丫头真是"豆腐嘴刀子心"！

地主奇虾的血渗入海水中，慢慢扩散开去——它失败了。败者不但要成为胜利者的美餐，而且还要被咬得七零八落、尸首不全。

"好残忍啊……"小樱用手捂住眼睛，偷偷透过十指间的缝隙继续张望。

虚伪啊！我正想大喊一声，不料眼角的余光却瞥见从远处游来的一群数目庞大的鱼群。也许是血的味道吸引了它们，也许它们只是路过，但对我们来说，这绝对是宿命的相逢……

就像所有看见偶像不顾一切的"粉丝"一样，小樱一看那群鱼便尖叫起来："一定是它们！一定是它们！人类的祖先啊——"

倒真是多亏她这一嗓子，偷袭者奇虾发现了新目标，朝我们来势汹汹地"飞奔"过来，我们被迫进入了战斗状态！只见奇虾对我们发动了"死亡触须"攻击，消耗智力值25点，我们因躲避而损失了体力值15点；我们对奇虾使用了"逗你玩儿"一招——即用随身携带的鱼叉为饵，引它来回转圈，直到它头晕时再一叉下去，让其毙命！我们消耗智力值10点，奇虾则损失了整条生命。

我在百忙中不忘抽空对小樱说："刚才你还可怜它，现在它反过头要吃你了！所以遇见危险一定要记得先躲到我身后！"

"快看，海口鱼在看我们！"小樱的心思根本没放在听我说话上，她又再次用她的绝招——左耳朵进右耳朵出打击了我。唉，我那身为帅哥的面子啊！

成千上万条海口鱼睁着绿豆般的小眼睛看着我们，电子书换上声情并茂的声音解说道，"海口鱼，虽然只有拇指大小，却是进化史上的巨人——它们是地球上第一种鱼，也是人类的祖先。"我听得眼泪都忍不住要掉下来了——"像我这样每天早上都把自己帅醒的大帅哥，也是这种貌不惊人的小鱼的后代？！苍天啊，大地啊，我难道不是龙的传人吗？！"

电子书愣了几秒，用悲天悯人的口气说："你就认命吧。看看你身上的脊柱，再摸摸这些海口鱼的脊柱，正是由于这样一根能使身体灵活自如的脊柱才有了所有哺乳动物——也包括你——的明天。另外，恭喜你们在寒武纪与海口鱼胜利会师，我马上就把你们送到一亿五千万年后。免费传送还剩下两次哦！"

我们熟悉的白光又一次出现了……然后，时空再度转换了。

"哇，什么东西！"才睁开眼，我就感觉有什么东西正朝着我的脸扑过来。

第一次进化

名字：耳材村海口鱼
种族：脊椎动物
体形：拇指姑娘型
特点：成群结队
职业：善良的素食者
防御值：10
近身攻击值：10
智商：10
危险系数：低等

第二次进化

名字:头甲鱼
种族:脊椎动物
体形:耳材村海口鱼×20倍
特点:成群结队
职业:善良的素食者
防御值:50
近身攻击值:10
智商:20
危险系数:低等

你能想象20个大拇指集合在一起的样子吗？那就是耳材村海口鱼的进化版——头甲鱼的体形了。海口鱼变了，脊柱附近的肌肉演化成一条强大的尾巴，鳍也出现了。它们没有下颚，以海藻为食，周身覆盖有坚硬的、厚厚的鱼鳞，而且它们轮廓分明的大头内已经藏有了一份秘密武器——大脑。多亏了它，未来的人类才能思考和记忆。

"哈哈哈哈。头甲鱼这个样子好像《跑跑卡丁车》里的卡通造型啊！"小樱一见那条扑到我脸上来的头甲鱼便大笑起来。

"幼稚！"我转过头去跟那条围着我直转圈的头甲鱼交流，"唔哦唔咯唔唔，唔哦唔哦？"

"你这是在干什么……"小樱一脸的斜线。

"我在讲鱼语呀，我问它这些年过得怎么样。它说它要离开海洋，到岸边产卵，于是邀请我们同行哪。"我得意地说道，其实是我突然想起来以前曾在一本杂志中看到过介绍头甲鱼的资料，现在可以拿来卖弄了。头甲鱼果然在我们面前转了个圈，向海岸边游去。

然而，头甲鱼们却低估了敌人的实力——节肢动物们比鱼类更早地来到了大陆，新的猎食者——布龙度蝎子正等待在沙滩上，等着前来产卵的头甲鱼们自投罗网。

"布龙度蝎子，甲壳动物，有鳃和肺。肺能将氧气输入血液之内，外壳能帮它们抵御强烈的阳光。这种身长一米的凶恶杀手的武器就是尾部的锋利尖刺。该生物防御值:70，近身攻击值:50，智商:20，危险系数:高等。"不待电子书说完，我们已经见到这种蝎子的真身了。

此时的陆地可不是一片绿油油的草地，而是一片沙漠。天气炎热，空气中含氧量极少，倒是二氧化碳的含量要比现代地球多300倍！

"布龙度蝎子是最早爬上陆地的动物。它的鳃和肺是以几百层细薄的组织组成，那个样子啊……"

"像百叶窗吗？"小樱接过我的话题，问道。

我慢慢答道："错！像千层雪冰激凌，我很想吃……"

蝎子们集中在海岸边。第一批到达的头甲鱼利用肚皮的弹跳力起跳，再利用尾巴的甩劲增加"马力"，还利用平坦的沙地掌握了滑行技巧，一下子就蹿上了岸。

然而，一场大屠杀始终没能避免。

饿极了的蝎子们左右开弓，用两只大螯叉住一条又一条头甲鱼……不过，更多的头甲鱼前赴后继地冲进了沙滩上的浅湾，趁蝎子们大快朵颐时在那里产下卵——它们靠的是头脑来到这里，而蝎子们不过是运气好才占得一点先机而已。

这场求生和繁衍的战斗从黄昏一直持续到夜晚，鱼儿们仍陆续赶来，蝎子们却停止了进食——它们被自己的皮肤困住了，坚硬的骨架成了障碍，外壳不能与身体同时增大，必须蜕壳才能继续生存。然而，对于大型动物来说，蜕壳是一个漫长的过程，直至第二天清晨，蝎子们才摆脱自己的"旧衣"，而那时，沙滩上已经一条头甲鱼都没有了——它们早已产完卵，回到了大海中。

我知道，再过几百万年，头甲鱼们的鳃会进化成下颚，并长出牙齿，鳍和肩膀的部位将进化出坚硬的骨头和结实的肌肉，并演化成翼，最终将会成为我们人类手和脚的雏形。拥有了四肢后，头甲鱼们将可以离开水域，走上陆地……

为了看到那时的它们，我和小樱使用了第二次免费传送。

第三次进化

名字：海纳螈
种族：脊椎动物
体形：大型
特点：有鳃和肺
职业："新生代"两栖食肉动物
防御值：100
近身攻击值：150
智商：50
危险系数：高等

身长超过1.5米，比21世纪最大型两栖动物还要大的海纳螈，正是曾经的头甲鱼。它们已然可以爬到陆地，虽然还不能在水边安家，却可以时常在陆地上"休假"，过着天堂般的日子。节肢动物，如蝎子们依然存在，然而它们大势已去，甚至沦为海纳螈的食物。

"植物此刻已经覆盖了大地，并且释放出大量氧气。为了呼吸，海纳螈进化出更复杂的肺部，随着每一次呼气与吸气，使血液得到氧气——人类至今仍沿用这种呼吸方法。"

"小时候，妈妈对我说，大海就是我故乡……"电子书一解说完，小樱便深情地唱起歌来。天啊！小樱的"生物武器"又来了！

我在浅水区发现许多海纳螈的卵，这些进化后的卵长出了一层坚硬防水又耐热的外壳（就是蛋壳啦），从此得以在陆地上孵化。

十几天后，也许是几十天后，谁记得呢？当我们吃完了饼干吃完了汉堡喝完了可乐，总之把所有活动经费都用完（买的都是吃的）之后，那些蛋里的小宝宝们终于破壳而出了。

等等，从蛋壳里爬出来的是……是爬虫动物？我一阵恶心，这丑陋的小动物和蜥蜴长得倒有几分相似。

“它没有名字，我们只知道，它就是最早的有脊椎的陆地动物，也是最早的爬虫动物，最关键的是——它能够独立生活了！”电子书说。

“我们就这样站起来了！我们的鱼祖先已经进化成四只脚的爬虫动物，它迟早会站起来的！”小樱欢呼。

“此次旅游的终点站已到，请带好您的随身物品，准备回家。谢谢合作，下次再见。”旅游公司的

提醒系统这时也不失时机地提醒道。

后来，我们就回到了办公室中，并有了以下对话：

见风作为“穿越者”，多次在恐龙频繁出没的地方“龙口脱险”。但地球出现过比恐龙更可怕的生物……
很快他就会明白，在史前时代，无论陆地有多危险，有一件事无论如何都不能做，那就是——跳入水中。
海怪
SEA MONSTER
我来也！
● 菜小龟
这次的最新旅程，见风将穿越3个史前时期，到3片最危险的海洋冒险。这些海洋一个比一个危险，要面对的怪兽一只比一只可怕，见风要——与它们“亲密接触”。而最危险的怪兽，当然要为见风留到最后上场。
本次“赶死队”成员：
潜水、讲解、与怪物“左拥右抱”：见风
特别摄像：小樱

NAME：奥陶纪
WHEN：4亿5千万年前。比出现恐龙的侏罗纪还早的时代，连植物都没有。
霸主：鹦鹉螺

我走在奥陶纪的干燥沙滩上，眼睁睁地看着小樱时不时吸一下氧气——这个地方二氧化碳多、氧气少，若不使用可制氧的仪器，就会头痛。小樱……你，你能走快一点吗？我没戴氧气罩，都要晕了！为什么你们都对虐待我上瘾？

“见风你看，陆地上真的没有生命呀！天空和大地连一只飞虫都没有，而且果然没有一抹绿色呢！”小樱说着，又深深吸了一口氧气。

我怒……

为了不至于跟小樱发火，我使用“三秒钟”消气法——我不生气、我不生气，我就是不生气。

谁让我是男人呢？强壮的体魄、宽大的胸襟、英俊无双的相貌都让我向更伟大的目标靠拢——为人类探索知识的事业献身！我将目光转向面前的这片海洋，它湛蓝清澈，与陆地不同，这里几千万年前就已孕育出了生命，而且进化出一些可怕的海怪。

海怪之怪在于长得不帅、长得怪，也可以理解成长得丑。让我来采访它们，是给全人类一个清楚认识“对比”这个词的机会……啊，氧气罩终于轮到我了！我深呼吸——好舒服啊！

“哇，这些是什么？”

我听到小樱的惊呼声，看到她拿着摄像机专注地拍着。我以为她有什么重大发现，凑过去一瞧，切，不过是只三叶虫而已。

“美丽的公主，可爱的小樱，遇到危险要找见风，你叫得发疯是什么意思？”我一掠金发，三叶虫难道比我更帅吗？！

“我第一次见到三叶虫真身，而不是资料图像，当然会很兴奋啦。说起来，三叶虫的辈分也算得上是你爷爷的爷爷……不知多少辈爷爷，你应该叫它声‘三爷爷’的。来，快叫吧！”小樱笑吟吟地看着我。

可恶……小樱太抢镜头了！这样我的人气又要下滑了。好吧，我不气、我不气，我就不气，帅哥是要有风度的！

现在我要到浅海区，把奥陶纪的霸王“勾引”出来。沙滩上有许多三叶虫死尸，我拿鱼叉叉住一只，在海水里摆来摆去，让尸体的味道飘散得很远很远。

“抓到了，抓到了！”我拎出来一只张牙舞爪的海蝎。看它卷起的尾巴，长得像一把剪刀，和陆地上的蝎子不同，它的尾巴没有毒，但是你要提防它那厉害的钳子哦！一个不小心，它会随时在人脸上划一刀……哎哟！

“血……见风你受伤了！你的脸……”

“不许说！我被毁容了吗？”

“不，你的脸只被划破一个小口子而已啊。”

哦，还好，不过多了一条英勇的伤疤做纪念。不能见血的男人算不上真的男人！

奥陶纪生物卡

ID：三叶虫

级别：奥陶纪海洋里的公民。非常知名，由于种类多、化石多而“曝光率”高。

食物：过滤沙石，吸取其中的营养。

神秘度：★ 太多人知道，不够神秘。

攻击度：★ 根本就手无缚鸡之力。

ID：海蝎

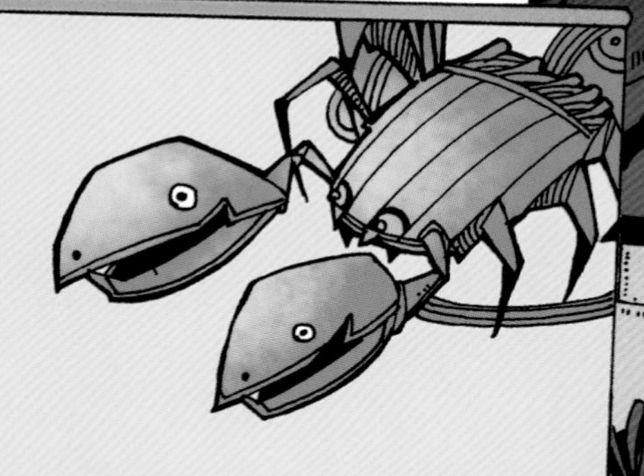

级别：奥陶纪海洋中的将军。

食物：作为不太知名的食肉动物，主食却是非常知名的三叶虫。

神秘度：★★★

攻击度：★★★

虽然强有力的大双钳很厉害，却没有毒。叫蝎子却无毒液，索性改名叫螃蟹算了。

小樱把摄像机移到了那只正在逃走的海蝎身上。好奇怪，它游得这么快，看起来像是赶着做什么重要的事情。我要查个清楚！

氧气罐——避免我晕厥；防鲨金属衣——防止被海蝎划伤；准备好这两样最重要的装备，我乘着一艘轻便的快艇驶入深海——较大的捕猎者都会在那里出现。我将微型摄像机藏在一只死掉的三叶虫腹部褶皱里，希望这个诱饵能拍摄到什么重量级杀手捕食的镜头。我将被绳索套住的三叶虫扔下水，片刻之后，我们从船上的屏幕中看到一只动物在缓缓靠近……

屏幕突然一黑……天啊，那只三叶虫被吞下去了！我，我拿工资买的设备啊！

“这玩意儿一定比海蝎大很多，否则为什么你拉动套住三叶虫的绳子往上拽却拽不动？”小樱凑过来说。

她话还没说完我就跳下海了……摄像机在，我在；摄像机完，我完！因为那是我好几个月的工资啊！

海底乌黑一片，我只能顺着绳子摸索，吞下三叶虫的到底是什么东西？我借助潜水服上的探照灯四下照明，却吓了一跳！许多海蝎成群结队地在我身边游弋，一只又一只，它们的大钳子有的就从我头顶掠过。

“看起来像是在逃命啊！”我自言自语。正说着，一种巨大的压迫感渐渐逼近，什么东西的触手正深深搅动附近的海流……

我头顶的探照灯不识时务而又尽心尽责地将那个庞然大物照得纤毫毕现。它有数不清的巨大触手，一伸一缩，整个身体就像一把扣在我头上的伞，只是伞柄不是固定的，而是活动、柔软、粗大的。此刻，这东西似乎听到了我的心跳声，正慢慢向我靠近……

“鹦鹉螺！”

我喊了出来，这是奥陶纪最大的捕猎者鹦鹉螺！所谓最大，就是说足以把我一口吞下。虽然为了伟大的探险事业献身也没什么，但我实在很

怕它会消化不良。为了这只鹦鹉螺的长寿考虑，我决定将它引开！我猜它的眼睛怕光，因为它长期待在深海，阳光抵达这里时已经很微弱，所以它的视力不好，需要依赖其他感官捕获猎物——它们用发达的嗅觉找到食物，然后将之咬碎。我拿手电筒拼命照它，它冷冷地瞟了我一眼，便使劲向前一荡，呼地一下蹿出好远。我趁机抓住它的触手尾梢，让它带我四处乱逛。呼呼，这么聪明的“搭便车”方式只有我才能想得出！

四周越来越黑，为了给自己壮胆，我试着跟鹦鹉螺说话：“嘿，Hello，你几岁啦？”

回应我的是一只海蝎的大钳子。它似乎颇为不满地在我胳膊上“拧”了一下，拜防鲨衣的保护所赐，我只觉得像被针刺了一下，稍微有一点儿疼。说时迟，那时快，鹦鹉螺突然冲了过来，巨大的触手一张，那只海蝎就消失在了它口中……

也就是在这个时刻，小樱按下了时空切换机，我被卷进了下一个时代……

奥陶纪Q问Q答

海蝎们喜欢成群结队到沙滩上趴下来，你认为它们打算做什么？

A. 集体晒日光浴，顺便交流下最近的消息。

B. 在月圆夜时，它们在沙滩上集体产卵。传说这样生下的宝宝更健康、优秀。

C. 见风是它们见到的第一个人类，它们要召开史上第一次记者招待会。

D. 月圆夜时，潮水会涨至最高位。它们在沙里产卵，卵得到保护。1个月后卵会孵化，随着海水退回海中，而有些海蝎会留在沙滩上等卵孵化，并立即吃掉孩子，使它们成为自己的养分。

答案：D

我通过手腕上自动更换年代的表来确认时间，现在是泥盆纪。

我刚刚从三叠纪归来，那时我骑在一头长颈龙的脖子上，小樱则在海面的船上高兴地哼着小调："海蝎子呀，腿六条，两只大钳真正牛 。"

她的歌声通过我的海底耳机传出，连长颈龙听了都左摇右摆、乐不可支。当然，我不否认她的歌声有"虐待"长颈龙的成分，但打击一位美丽少女是罪大恶极的！所以我不禁说："小樱，你随便哼哼的调子都那么动听，而且歌词填得那么贴切，不去唱歌真是可惜！"

我没听见小樱说什么，因为长颈龙突然一扭脖子，转了个360度的弯。它的脖子像蛇一样长，且灵活柔软，尾巴也很长，几乎像它的另一段脖子，四肢像桨一般保持游泳时的平衡。它经常这样在海底伸着脖子到处吃鱼，不过此刻却有些烦躁不安。我知道它只是长颈龙中的儿童，成体会生长在陆地中，力气不该太大。我使劲拽着它的尾巴，不想放走这个免费的"公共潜水艇"，谁知它猛地回头，把自己的尾巴吭哧一口咬断了，哧溜一下就游远了。

"遇到危险它就会放弃尾巴，自己逃命。过不了多久就会长出新的。"小樱迅速查到资料，通过耳机告诉我。

我抱着这截断尾感慨良久，不由说道："原来这就是壁虎的祖宗啊！"

没等我发表完三千字感想，小樱再度按了转换键，一阵头晕后，我就在泥盆纪的海洋里了。

NAME：泥盆纪
WHEN：3亿6千万年前，到处都是巨型甲胄鱼
霸主：邓氏鱼

"提问，邓氏鱼为什么叫邓氏鱼？"小樱又开始了她的娱乐时间。她说一个人在海面的船上坐着太无聊了，所以得不断找话题打发时间。

"因为这种鱼姓邓，名鱼，所以它叫邓氏鱼。"

"错！它是一种吃嘛嘛香的胃口奇好无比的鱼，所以叫'瞪食鱼'！"小樱兴奋的声音传来，"扣你十分哦。"

扣十分？哼！我马上就要赚个一百分！

我让小樱准备了一个巨大的圆形铁笼，用小型起吊机放下海。这个笼子上有我设计的很多机关，比如按下绿色按钮，就会弹出一只甲胄鱼，再按一下按钮，鱼将迅速缩回。当然，其实这只是一条抹上了鱼腥味的塑料鱼。有这样的饵，我就能好好玩一番了！我将要做一件前无古人后无来者的事——亲手给邓氏鱼喂食。

鱼的味道引来了一些觅食者，包括早期的鲨鱼，它们还没有进化成未来海洋里的老大，只能围着铁笼来回转圈，找不到攻击的地方。等了近两个小时，我感觉快要被海水泡烂时，体积庞大的邓氏鱼终于现身了！

和它同时现身的，还有小樱。

“你什么时候下来的？我说过你可以来抢我的风头吗？”我冲她大喊，其实我是怕她遇到危险。

就在说话的当口，邓氏鱼已经从她身边滑了过去，尾巴还轻轻碰到她。我立即打开笼子，拖小樱进来，却发现这个笼子只能容下一个人。

“让我来按这个键好不好？我看你穿越那么累，想帮你忙，这是为你好！”小樱一进笼子就忙着研究里边的按钮。

我没说什么，此刻我只身在笼子外警惕着邓氏鱼的突袭。刚才它现身后就消失无踪了，可我知道它还在附近。

小樱轻轻一按钮，“嗖”的一声，一条屁股后系着钢丝的塑料假鱼从笼子里弹出。我听到海中隐约的低鸣，那是什么东西迫近的声波……嗷呜，小樱，你还真是“为我好”！邓氏鱼都被你引过来了！

邓氏鱼向我一扑，我顺势一躲，它的大嘴想要叼住那条假甲胄鱼，可小樱却按回按钮，那条鱼“嗖”一下又缩了回去，使邓氏鱼扑了个空。

“好好玩呀，哼！就不让你吃，就不让你吃！”小樱玩得不亦乐乎，而我则毛骨悚然，我的小命也危在旦夕啊！

邓氏鱼第一次受这样的欺负，扭头向笼子撞来，速度之快，力道之大，让我和小樱始料不及。只见它“咚”地一下猛撞上去，笼子震动了好几下，连小樱都站立不稳。

泥盆纪生物卡

ID：邓氏鱼

级别：泥盆纪海洋中的总统。

食物：肉！一切肉！

神秘度：★★★★

攻击度：★★★★★ 它头上有超过两寸厚的保护甲，很难受到致命伤害；颚部巨大，牙齿像锐利的刀片：可以在五十分之一秒内迅速张开大嘴，快速将猎物吞入口中。

“唉，那笼子可是很结实的啊，你又不是啄木鸟，撞久了会头晕的！”眼看着邓氏鱼这么执着，我真的替它不忍了，而且它再撞下去小樱也会受不了的。

“姓邓的，你给我记着，我到21世纪都不会放过你的！”小樱大喊大叫，以为这样会吓跑邓氏鱼，可惜这位“邓先生”听不懂人类语言，更加孜孜不倦地撞着笼子。

见此情况，我转身就跑。小樱看到我跑掉气得哇哇大叫，邓氏鱼则比她聪明多了，立刻向我扑来——它如果不被我吸引，那我不白长这么帅了吗？见邓氏鱼向我游来，我赶紧一个用力蹬腿，滑行而上，它紧追不舍。做出这种玩命的行为我是深思熟虑过的：邓氏鱼攻击力虽强，但碍于身形庞大，移动缓慢，和我始终保持着50米的距离，伤不到我。但是我游泳的速度虽然比它快，体力却不及它，这样下去我会因体力不支而落入鱼口。幸好前方有大面积的珊瑚礁，可以做暂时的避难所。想到做到，我一转身，躲进了珊瑚礁中。邓氏鱼眨眼之间就把我追丢了，疑惑地到处寻找，不一会儿就游远了。

我长舒了口气，从珊瑚礁中爬出，正准备回头与小樱会合。突然，背后一凉，我回头一看，天哪，邓氏鱼还在！我刚刚只是被它撞了一下，它现在发起第二次攻击了！

这时，小樱的声音从耳机里传来：“见风，你在何方？听到呼唤请火速返回。”

我一阵烦躁，现在我自身难保，哪还顾得上说话啊？我必须把邓氏鱼引开，留出足够的时间回去和小樱会合，否则一旦氧气和我的体力都用完，我们就都over了！咦，对了，我口袋里不是装着各种秘密武器吗？现在我来找一找身上有没有什么可以用的东西。

泥盆纪Q问Q答

如果你也遇到邓氏鱼，怎样做可以保护自己的安全？

A. 和它交朋友。友好地问它“吃过了没有”。

B. 多准备一件防鲨衣，扔给它吃。由于这种衣服由金属制成，会成为用力咬下的邓氏鱼的“拔牙器”——牙全掉了。

C. 啥都不说，直接逃跑。

D. 告诉它，它会在4亿年后完全绝种，并且允诺带它回21世纪的海洋馆，让它放你一条生路。

答案：B

有啦！我摸出一瓶“喷墨剂”，里边的墨汁可以使周围海水变黑，从而挡住邓氏鱼的视线。我迫不及待地按下按钮，周围一片漆黑……

这渐渐变成了一场真正的博命之战，而不是简单的游戏。就在我担心邓氏鱼再次跟来时，小樱终于想起来时空切换机在她手中。她再一次在危急之中切换了时代。好吧，邓氏鱼，我在几千万年后的白垩纪向你道别，虽然你永远都不可能听见了。

NAME：白垩纪
WHEN：六千五百万年前，已经接近现代了哦。
霸主：沧龙

这是最后一片海域，执行完这里的采访任务我就可以休息了。但是，这里看起来简直就像是地狱啊！

翼龙从我们的船帆上空掠过，一头扎进海中吃鱼，却不幸地被海中的食肉鱼咬死，再也没法展开宽阔的双翼。

我们的船颠簸起来，仿佛有什么东西在一次次撞击船底。

“那是什么声音？”小樱惊魂未定地问。

惨不忍睹的翼龙尸体浮上了海面，被咬成两半的伤口切面血肉模糊，而这也证明我们来到了沧龙的地盘。

白垩纪生物卡

ID：沧龙

级别：白垩纪海洋中的国王。

食物：绝对不是吃素的！连同类都吃！

神秘度：★★★★★

攻击度：★★★★★ 沧龙可以借由摆动身体在水中前进，长桶状的身体具有高度流体力学性，如同现代海蛇。与生俱来的杀手啊！

船继续颠簸，通过水下摄像头连接的船上屏幕可见，许多薄片龙都跟随我们的船前进。它们顺着船推开的波浪移动，这样可以节省体力，这一点倒是和可爱的海豚一样。薄片龙们可能在进行迁徙，我很想和它们打个招呼，于是穿上潜水衣和锁子甲准备下水。

“是谁说过这里太危险，绝对不要下水的？”小樱问，“我记得说话的那个人叫见风哦。”

“没错，就是本大侠我！但是我同样也说过，‘自由诚可贵，生命价更高，若为工作故，两者皆可抛！’”

“原来你还是壮士！我把移动摄像机放到海中了，要保护好它哦。它很贵！”

随着小樱的话尾落下，我扑通一声跳进海中。探险，是一种难以抵挡的诱惑，与古代海龟同游大海，与薄片龙大眼瞪小眼，试问谁能有此殊荣？

我骑在一头古代海龟背上，让它带我到处游来游去。就在我决定浮上海面的时候，一个庞然大物贴着我的身体而过。它的速度比邓氏鱼还快，相貌也比邓氏鱼凶，而且那双冰冷的眼睛直盯着我，让我浑身直冒冷汗。

“沧、沧龙！”我大喊一声。

沧龙闻声扑过来，我一躲，它改变了方向，向坐在船上的小樱扑去。

惨了惨了，这、这可怎么办啊？！

“小樱！快躲开！”我大喊，却发现即使小樱发现也躲不开沧龙了，因为沧龙一旦发现活动的东西，不咬死是不会善罢甘休的。

我一手抓住了沧龙的尾巴，它使劲推动身体却无法动弹，又回头向我龇牙咧嘴。只要让它把注意力从小樱身上转移开就好。

“想吃肉吗？尽管到这里来吧！”

我向沧龙拍拍自己，并且伸出一条腿。

它果然选中了这条腿来咬，这次只能靠运气了——有锁子甲保护，它的牙齿肯定伤不到我，如果运气更好些，说不定能让它崩掉几颗牙呢！

我心里想着，但是，想和做永远不可能是同步的。在沧龙的利齿挨到我之前，我本能地缩回了腿，它巨大的嘴巴使劲一合，却扑了空。唉唉，看来不给它点东西咬，它是不会放弃的。

我做出投降的姿势，沧龙才不管，一下子冲了上来，吭哧一口……

疼，很疼。冷，很冷。

这就是我全部的感受了。

沧龙执着地撕扯着我身上的锁子甲，而我像个小木头人一样只能任它摆布。这样下去，万一锁子甲有了漏洞，我就会被撕成碎片，像那只翼龙一样……渐渐地，我筋疲力尽，手和脚都再也用不上力气，眼睁睁地看着沧龙对我发起最后一轮攻击。

好，就是现在！瞄准！

在沧龙的大口向我咬下的一瞬间，我扯住了小樱放下来的移动摄像机，一举塞进它的大口中。哼哼，这机器沉得很，这下沧龙可真是要“大吃一顿”了。

沧龙吃得很不舒服，落荒而逃；而我在放下心来后，终于再也没有任何力气游泳了。

啊，难道我没有被咬死，却要被淹死吗？在这个问题袭上我脑海的同时，我实在撑不住自己的眼皮，沉沉昏了过去……

冰凉的水滴在我嘴唇上，似乎还有哭泣声。我努力睁开眼，模糊的视线慢慢清晰，那是小樱。

我一皱眉，天啊，本大侠最见不得人哭了！

“我还活着，别哭别哭！”我嘟囔着说。

“你没死啊？”小樱立即止住了哭泣。

“哼，要我死，没那么容易！咱这条命不会被收走的！”

我说完就又倒头睡了过去。唉，剩下的事情就交给小樱吧。与海怪“共舞”实在太——累——了！

白垩纪Q问Q答

沧龙为什么见了活动的东西就非要咬死不可呢？

A. 它们在磨牙！

B. 它们没有安全感，只有咬死别人自己才能安全地生存。

C. 这是它们生存习性之一，发威时它们可是连同伴都会咬死的！但是它们对幼龙很温柔，经常成群结队保护着一头幼龙。

D. 既然它们是白垩纪的国王，当然是想做什么就做什么。

答案：C

仔细阅读本章，你就能回答出以下问题：

恐龙是什么时候灭绝的？

有一种色彩鲜艳的蟾蜍，在消失几十年后又出现了，它的名字是什么？

人们居然把企鹅蛋摆上餐桌当美食。这是真的吗？

第六次生物大灭绝大约什么时候发生？

生物大灭绝，是一种大规模的生物突然集体灭绝的现象。这种恐怖现象在地球史上已经发生了五次，上百种动物在我们看到它们之前就消失了。人类出现后，城市开发和栖息地退化成为动物灭绝的头号杀手。在不久的将来，地球上的物种将面临第六次生物大灭绝，灭绝的生物数量将多达几千种。

你听说过生物大灭绝吗？那是一种恐怖的大规模生物突然间集体灭绝事件！
第6次生物大灭绝
第一次 4.4亿年前 奥陶纪末期
第二次 3.65亿年前 泥盆纪后期
海洋生物遭到重创。
第三次 2.5亿年前 二叠纪末期
地球上约96%的物种灭绝，是地球史上最大也是最严重的物种灭绝事件。
第四次 1.95亿年前 三叠纪末期
大量海洋生物在这次灭绝中消失。
第五次 6500万年前 白垩纪末期
恐龙时代在此终结。
第六次 预计于2200年
全球一半的生物将灭绝或濒临灭绝。
它们可能即将消失
单位：
哺乳动物 1199
鸟类 1373
两栖动物 1957
昆虫 993

黑脚企鹅

20 世纪中后期，企鹅蛋成为人们餐桌上的美食，这导致黑脚企鹅大量减少。

金冠冕狐猴

它们生活在马达加斯加的热带雨林里。截至 2002 年，全世界只剩下几千只这种猴子。

美国埋葬虫

这是一种会在动物尸体旁照顾子女的小虫，但是近年来它们急剧减少，马上就要灭绝。

婆罗洲彩虹蟾

科学家一直以为这种艳丽的蟾蜍在 1924 年就灭绝了，但是 2011 年，它们在马来西亚出现了。

朱鹮

因为人们的乱砍乱伐、大量改造水田，朱鹮失去了栖息地，濒临灭绝。

金狐蝠

这种蝙蝠因为高度依赖生存环境而成为世界上极度濒危的物种。

这些动物

已经灭绝。

单位：种

哺乳动物	鸟类	两栖动物	其他
79	145	36	505

短脸熊

1万年前灭绝。它们比北极熊还要大。

长毛象

它们诞生在恐龙之前，一直生存到人类诞生。

恐鸟

恐鸟中体形最大的巨型恐鸟身高最高达 3.6 米，堪称世界第一高的鸟，在新生代时期灭绝。

渡渡鸟

它们爱吃水果，不会飞，看起来又蠢又笨，被人类捕杀至灭亡。

白令鸬鹚

体形巨大，肉质鲜美，据说每只够三个人吃饱……这可能就是它们灭绝的原因。

谁也不想第六次生物大灭绝发生，对吗？让我们看看导致现代动物灭绝的原因吧。

针对这些问题，你觉得我们可以做些什么来保护我们的生活环境呢？

无齿海牛

1768 年灭绝。体长为 7 ~ 8 米，是海洋中第二大的哺乳动物。

图书在版编目（CIP）数据

史前生命 / 少儿期刊中心科普编辑部编.
-- 青岛 :青岛出版社, 2016.1
ISBN 978-7-5552-3427-2

Ⅰ.①史… Ⅱ.①少… Ⅲ.①古生物学－少儿读物
Ⅳ.①Q91-49

中国版本图书馆CIP数据核字(2016)第018202号

书　　名	史前生命
编　　者	少儿期刊中心科普编辑部
出版发行	青岛出版社
社　　址	青岛市海尔路182号（266061）
本社网址	http://www.qdpub.com
邮购电话	0532－68068738
策　　划	连建军　黄东明
责任编辑	宋华丽
装帧设计	徐梦函
印　　刷	青岛国彩印刷有限公司
出版日期	2018年4月第1版　2019年5月第2次印刷
开　　本	16开（850mm×1092mm)
印　　张	4.5
字　　数	60千
书　　号	ISBN 978-7-5552-3427-2
定　　价	25.80元

编校质量、盗版监督服务电话　400—653—2017　(0532)68068638